バーチャル・エンジニアリング Part3

プラットフォーム化で淘汰される日本のモノづくり産業

内田孝尚 著
Takanao Uchida

日刊工業新聞社

はじめに

GAFA（Google、Apple、FACEBOOK、Amazon）を中心としたプラットフォームビジネスは今までの常識では理解できない速度の進展を見せている。そのプラットフォームビジネスがモノづくりの分野にも出現し、拡がり始めた。モノづくりのプラットフォームビジネスは3D図面を基盤としたバーチャルエンジニアリング（Virtual Engineering：VE）体制の成立を前提とした新たなビジネスモデルとして、一般のプラットフォームビジネスと同様に、早い進展を見せている。

ところが、日本では3D設計普及の遅れがその理由の一つなのか、このプラットフォームビジネスの実態があまり知られていないように思われる。

この新しいモノづくりのプラットフォームビジネスをバーチャルエンジニアリング技術とそれを支える社会システム環境から眺めると、モノづくりビジネス変貌の将来像が浮かび上がる。世界中の国々でこのビジネス変貌に対応する動きが見え、特に二〇一〇年より、現在進行形として対応拡大の最中である。

日本の展開が少しでも加速することを願い、この新たなビジネスモデルの状況を、拙著『バーチャル・エンジニアリング』(日刊工業新聞社刊、二〇一七年)、『バーチャル・エンジニアリンPart2』(日刊工業新聞社刊、二〇一九年)の編集を担当して頂いた日刊工業新聞社の天野慶悟氏に続編本としてまとめることを企画提案したところ、快諾を頂いた。本書の出版に際し、ご尽力をいただいた日刊工業新聞社の土坂裕子氏とともに御礼を申し上げる。

本書の出版が多くの読者にとって、モノづくり全体の新しい変化への挑戦とイノベーションを考えるきっかけとなり、強い日本モノづくり産業の継続に繋がれば、筆者として望外の幸せである。

二〇二〇年八月吉日

内田　孝尚

目次

第四章 自動運転で変革急務な制御設計とソフトウェア開発

第五章 壮大なスリアワセが初期設計段階で完了

第六章 モデルを連携するインターフェースの標準化

第八章 デジタルモノづくり信頼性保証の公的ツールとルールの普及

第九章

ステップ別開発参加型モノづくりプラットフォームビジネス

第一章

モノづくりプラットフォームビジネスが始まった

一・二　「GAFAから見えた」プラットフォームビジネスの脅威

既に、ご存知のようにGAFA（Google、Apple、FACEBOOK、Amazon）ビジネスの巨大さと成長の早さは、従来の企業規模を理解されている方には考えられないことが多いと思われる。

例えば、二〇一一年から二〇一八年までのGAFAの四つの企業の総売り上げの伸びは三・五倍を超え、四つの企業の時価総額は、ドイツのGDPを超えたともいわれている。GAFAなどで行われているデジタルを用いたプラットフォームビジネスは、その活躍の場がまだまだ拡がっていることから、今後も快進撃は続くと思われる。

GAFAのこのプラットフォームビジネスは二十世紀後半から動き出し、二〇〇五年頃から一般普及してきた。たかだか十数年しか経過していないそのビジネス活動が、巨大ビジネスへと成長した。

従来、顧客は企業の作成する実物の製品や、サービスを受け取り、その対価を支払っていた。プラットフォームビジネスでは、企業は製品データをプラットフォームに展示し、その注文情報に従い、製品を顧客に送付し、対価を入手する（**図1・1**）。インターネット上にデジタルカタログを展

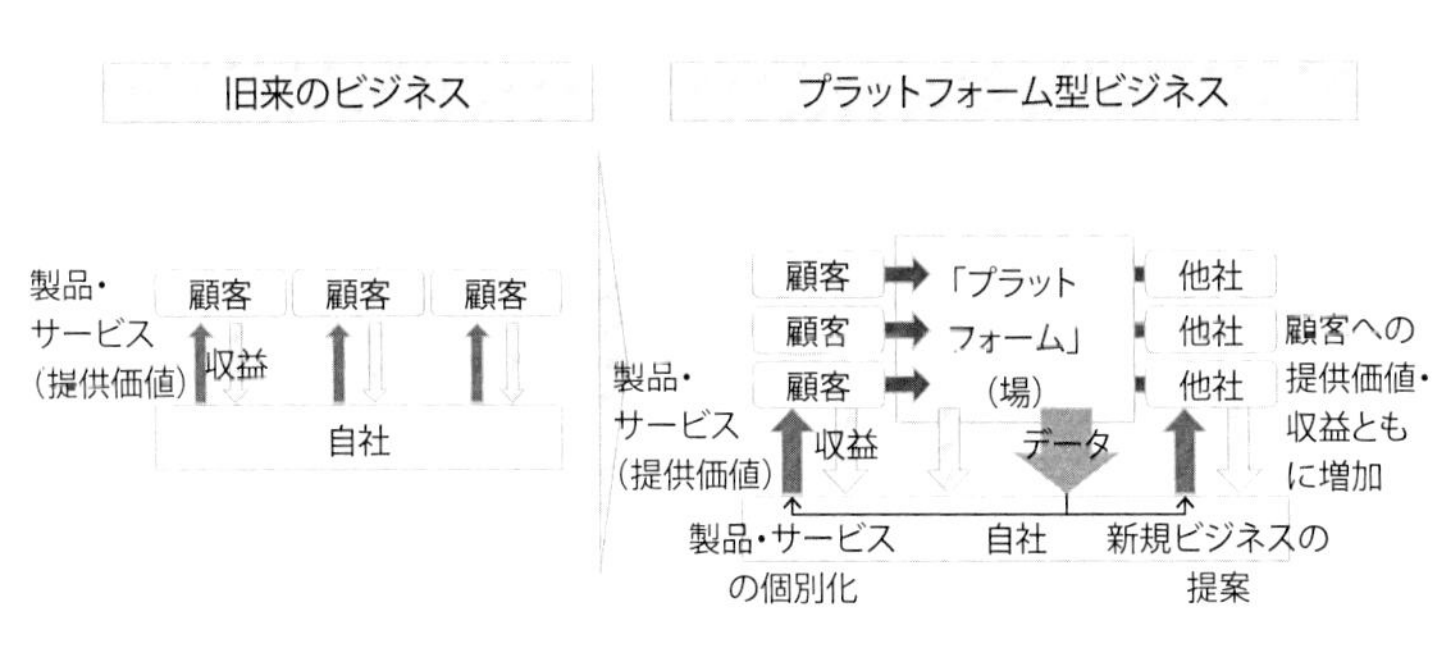

図1・1　旧来のビジネスとプラットフォーム型ビジネス

示する巨大な通販ビジネスの一種であると考える。

一・二　モノづくりの世界でもプラットフォームビジネスが始まった

日本のＧＤＰの中で最大シェアを占めるのは製造業であり、約二〇％の比率を占めている（**図１・２**）。日本経済に大きな影響力のある製造業において、新たな黒船となると思われる新しいビジネスモデルが生まれている。それは欧州からはじまり、今では世界の製造業に拡がっている「モノづくりのプラットフォームビジネス」である。

図１・３はスマイルカーブと呼ばれるモノづくりの各段階別の価値を表現したイメージ図である。このイメージ図は経済産業省やメディアも使い、いろいろな場面で利用され、一般に知られている。この中で一番価値が低いのが「生産（加工組立）」である。モノづくりの国として誇っていた日本では、納得しがたい気持が

湧き上がる人もいるのではないだろうか。モノづくりが最も尊いビジネスと思っていたのが、その製造自体の価値が低いという認識は少なかったのではないだろうか。実際は、モノづくりの分野の高価値は生産ステージの前と後ろにあるのだ。

この図の生産ステージより後ろ側に、「流通・販売」「アフターサービス」などのステージがある。これらの高価値ステージで製品の販売、サービスのプラットフォームビジネスがGAFA中心に進められ、成長してきた。

モノづくりのプラットフォームビジネスは、生産ステージより前側の「商品企画・研究開発」「製品設計」などのステージでバーチャルエンジニアリング（Virtual Engineering：VE）環境の進展と共に、新たなビジネスモデルとして育っている。

バーチャルモデルが商品!?

プラットフォームを介し行き来するのは、デジタルデータである。モノづくりのプラットフォームビジネスは製品が世に出る前の、言わば企業秘密の中で企画・開発・設計などのデジタルデータが行き来することになる。

このデジタルデータは各機能を持つ各モジュールのバーチャルモデルデータである。モジュールのバーチャルモデルデータは、各サプライヤの製品機能を実機モジュールの代わりに表現するシミュ

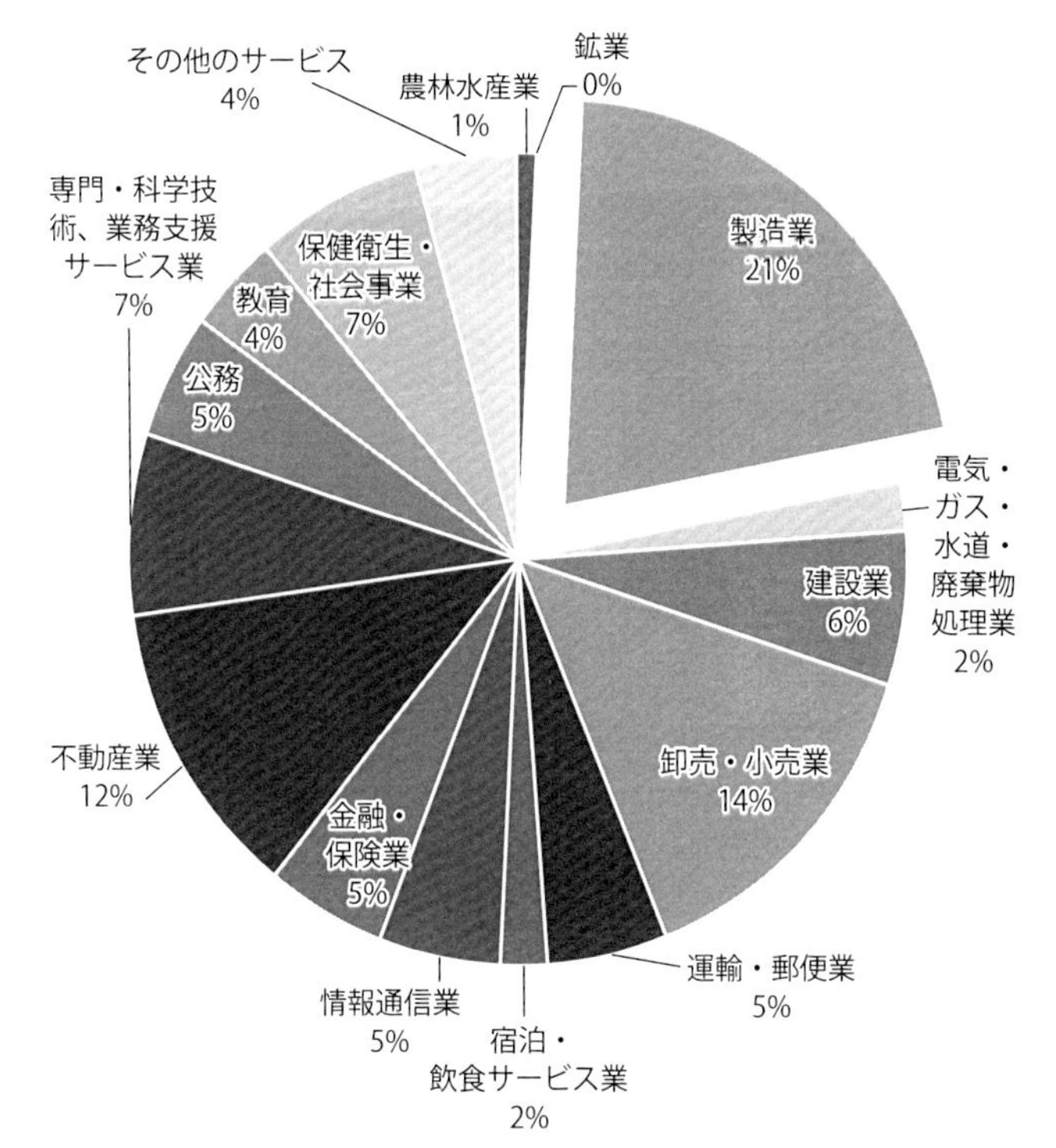

図1・2　2018年業種別GDP割合

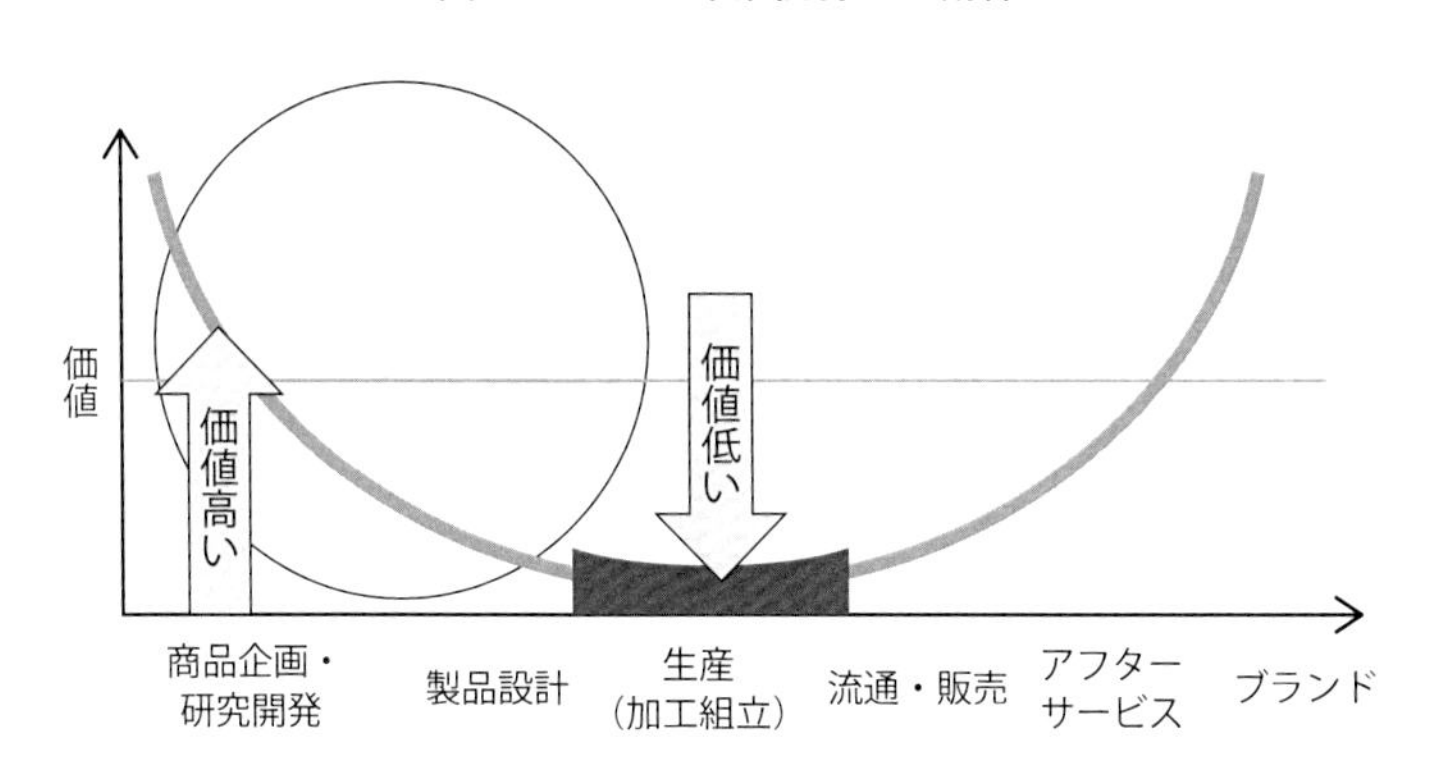

図1・3　モノづくりのスマイルカーブ

レーションモデルも含めたバーチャルモジュール機能データである。このバーチャルモデルが実機の製品の代わりの商品として扱われ、プラットフォーム上でやり取りされる。

GAFAとモノづくりのプラットフォームビジネスの違い

GAFAとモノづくりのプラットフォームビジネスは、そのビジネスモデルへの参加の仕方が大きく異なる。GAFAのプラットフォームビジネスへの参加はインターネットを通じて、一般の消費者が自由に参加できる。言わば、パブリック型のプラットフォームビジネスである。

モノづくりのプラットフォームビジネスは、プラットフォーム自体の提供の仕方が異なる。各自動車メーカなどのOEM※1やメガサプライヤが提供するプラットフォームに、各サプライヤが契約して参加する形をとる。GAFAのように、一般のユーザーにプラットフォームは公開されていない。敢えて言うならば、コンソーシアム型プラットフォームビジネスである。

モノづくりビジネスでは、OEMやメガサプライヤがプラットフォームを提供する。サプライヤがそのプラットフォームへ参加することはプラットフォーム提供のOEMやメガサプライヤが企画する新たなプロジェクトへの参加となり、その企画の開発参加メンバーの一員として登録されることになる。

新たなプロジェクトを推進する会社と、それに参加するサプライヤはプラットフォームを通して、

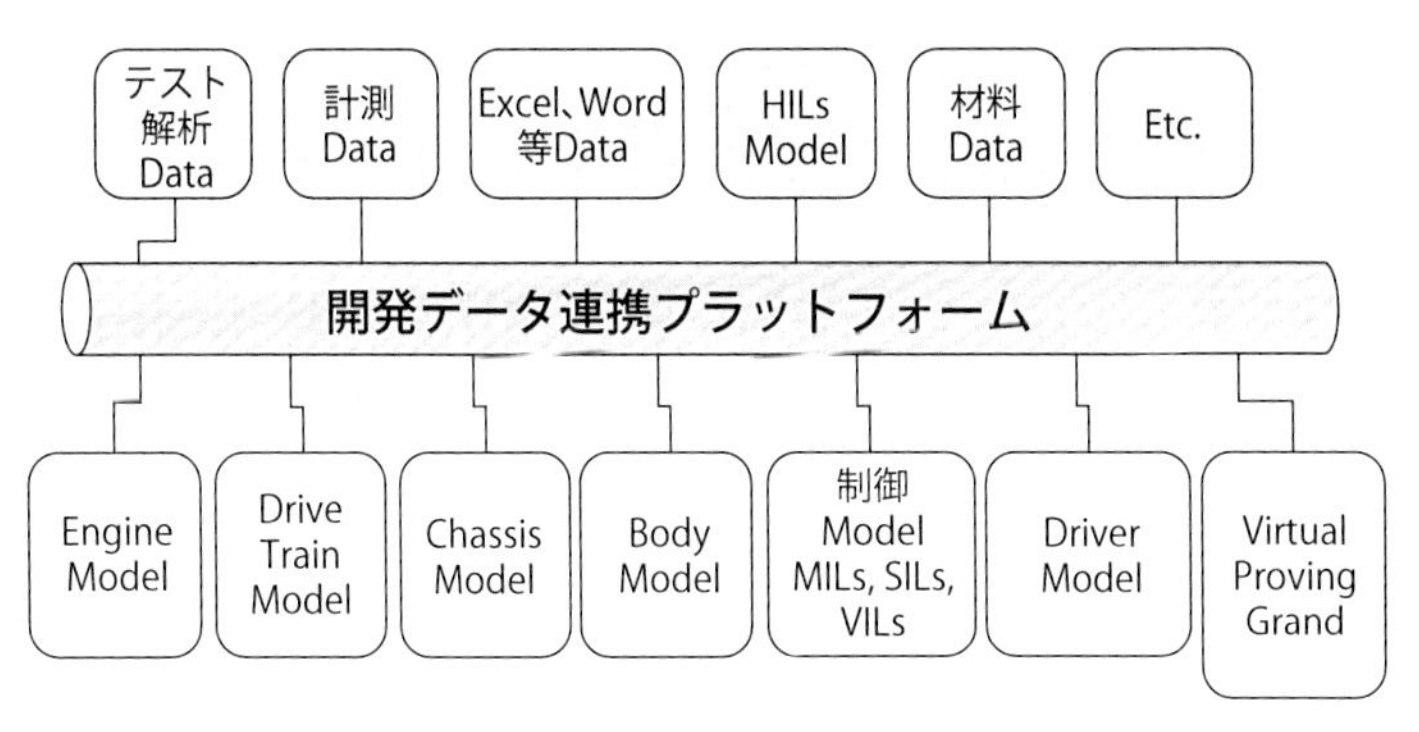

図1・4　開発データ連携プラットフォームと各機能モジュール

データのやり取りをする。そのデータやモデルのフォーマット、モデル形態、情報の機密、結果の対価などを明確にするための、ルールやマネージメントなどが必要となる。そのため、これらのビジネス環境は、一企業だけで進めるものではなく、法規制、契約ルール、新しいやり方や概念の教育などの社会システムの充実が伴う。そして、それらが成長し、社会的に機能するようになった時、モノづくりのプラットフォームビジネスが成立したことになる。すなわち、モノづくりのプラットフォームビジネスが動き出したということは、モノづくりの世界のデジタル取引社会システムが成立したことを意味する。

図1・4を見て欲しい。図の中心に「開発データ連携プラットフォーム」が位置している。このプラットフォームは、OEMやメガサプライヤが提供する。自動車を例にすると、開発データ連携プラットフォームは自動車一台の挙動を表現するシミュレーションモデルの塊となる。サプライヤ自身が取り組むエンジン、ボディ、シャシーなどのシミュレータであるモ

ジュールモデルの特性を検証しながら、提供された自動車一台シミュレーションモデルの振る舞いになるように、各モジュールモデルの設計仕様の熟成を行う。要は自動車のシミュレーションの動きになるように、各モジュールのシミュレーションモデルを設計することになる。このようなコンソーシアム型のプラットフォームビジネスが動き出した。

モノづくりプラットフォームビジネスの動き

モノづくりのプラットフォームビジネスはGAFAの動きに対して、実質十年以上遅れた。そのビジネス基盤は着実に成長し、商業上のルールも含めて、二〇一〇年以降、欧州自動車産業中心に一般的なビジネスモデルとして普及している。

筆者は、三つのタイプのモノづくりプラットフォームビジネスを知る機会を得た。それ以外にも新たなビジネスモデルが動いているのであろうが、筆者が知り、勝手に名前を付けたタイプを紹介する。

①製品機能モジュールモデルのカタログ化と技術の融合ビジネス
②プロジェクト参加のコンソーシアム型モノづくりプラットフォームビジネス
③開発ステージの中をステップに分け、サプライヤや設計事務所自身の得意ステップ別に参加可能とするコンソーシアム型モノづくりプラットフォームビジネス

いささか長い名前であるが、その実態と、なぜそうなったか、なぜそんなことができるのか、なぜ機密も含めた契約と資金の流れが起こるのか、について本書の中で説明していきたい。

※1
ＯＥＭ：Original Equipment Manufacturer。一般的には「相手先商標による製品の生産者」であるが、業界によっては最終完成品製造会社、自動車完成車製造会社をＯＥＭと呼ぶ。本書の中では、最終完成品製造会社、自動車完成車製造会社をＯＥＭと呼ぶ。

第二章

モノづくりをコントロールする図面

二・一　設計図の3D図面化

一九八〇年代に入る頃から、世界の自動車会社では3Dデータを中心としたモノづくり・開発環境の効果模索が始まっていた。同様に航空産業でも3D設計の普及が進んでいた。一九九〇年代に入ると世界の自動車会社は3Dデータを用いた設計手法の普及を進めた。一九九〇年代後半に移ると、世界のほとんどの自動車会社は3DCAD環境を用いた3D設計へと大きく変革した。2D図には存在しなかった正確な形状情報を持った3D図面はエンジニアリングの新しいパフォーマンス基盤としての位置付けに変わり、現在では世界の製造業の図面はほぼ3D図面に移行している。

二十一世紀に入った頃、確か二〇〇三年であったと思うが、筆者が「アメリカビッグ3」の一社の技術担当役員と会った時、その役員が発した言葉をよく覚えている。「アメリカ西海岸側の大学を出た設計者は、既に2D図の設計教育を受けていないので、2D図面を読めない」――。時代の流れの速さを、その役員は半分ぼやいていた。二十世紀中に、アメリカの大学では2D図を用いた設計教育は終了していたようだ。

従来の2D図の寸法などの情報に加え、2D図面には存在しなかったモノづくり、検討解析などに必要となる属性情報が新たに入力され、MtoM（Machine to Machine）対応に適する3D図面が活用されている。これらの属性情報は3D図面に直接入力する場合もあれば、例えば、CG（Computer Graphics）の色などの情報データベースのリンク情報を持つこともでき、3D図面の持つパフォーマンスが大きく向上している。現在、その属性情報も、製造、解析だけでなく、量産材料、表面性状などに関する分野の情報が追加され、活用は益々拡がっている。

製品形状を正確に表現する3Dモデル

図面は2D図であれ、3D図であれ、付表なども含め、製造仕様書である。長い期間、二次元で表現された製造仕様書をもとに、三次元のモノを生産してきた。2D図からモノが製造できるよう、図面、製造現場のそれぞれに工夫があった。日本の造りの各現場では、設計者の意図を理解した形状とその品質を守るためのK／H（ノウハウ）は常に高められてきた。そのため、技術の伝承、技術レベル向上などへの各現場独自の手法を持ち、それがK／Hとして伝えられたと思われる。

二十世紀後半に「図面のようなモノ」を造っているという言葉を、製造現場の人から聞いたことがある。このことは、同じ2D図面ではあるが、現場のエンジニアの図面解釈により、形状の違いが生じ、同じ図面でも工場ごとに多少の違いが存在していたことを現場は知っていたと捉えられる。

例えば、鋳造などの金型製作時、最初にできる一番型と量産性検討の結果、品質対応形状を入れた修正二番型、三番型などでできた形状が異なることを筆者は確認したことがある。このようなことも含め、2D図で詳細な形状までの表現はできないことが実感される。とは言え、2D図の解釈レベルが高く、2D図面をもとに各現場がモノにK／Hを込めるやり方で、日本の製造物は高い品質を評価されてきたと考えられる。2D図の解釈レベルが製造品質に影響するという事実から、日本品質が高い評価を得ていた認識があった。しかし現在、3D図面の普及した製造環境の成立で、誰でも、効果的に、良品質の「図面通りのモノ」が世界中どこでも入手可能になるという認識に変わってきた。

3D図面形状がそのまま製造物へ

プレス、鋳造、プラスチック射出成形などの量産製造のほとんどは型で形状を成形するが、金型製作には、切削加工、研削加工、放電加工などの手法がある。加工用の形状はCAM用3Dモデルを用いて行われる。設計図が2D図の場合、2D図を読み取りCAM用3Dモデルを新たに作成したが、設計図が3D図になれば、その3Dモデルを直接、CAMモデル化することで切削加工、研削加工、放電加工などのNC（Numerical Control）加工パス、電極モデルなどが出来上がる（**図2・1**）。3D形状をそのまま製造することができるようになった。だから、どこで製作しても同じ形状、同じ品質となる。

これは金型製作だけでなく、設計図が3D図であれば、単体部品としての切削加工や溶接などの分

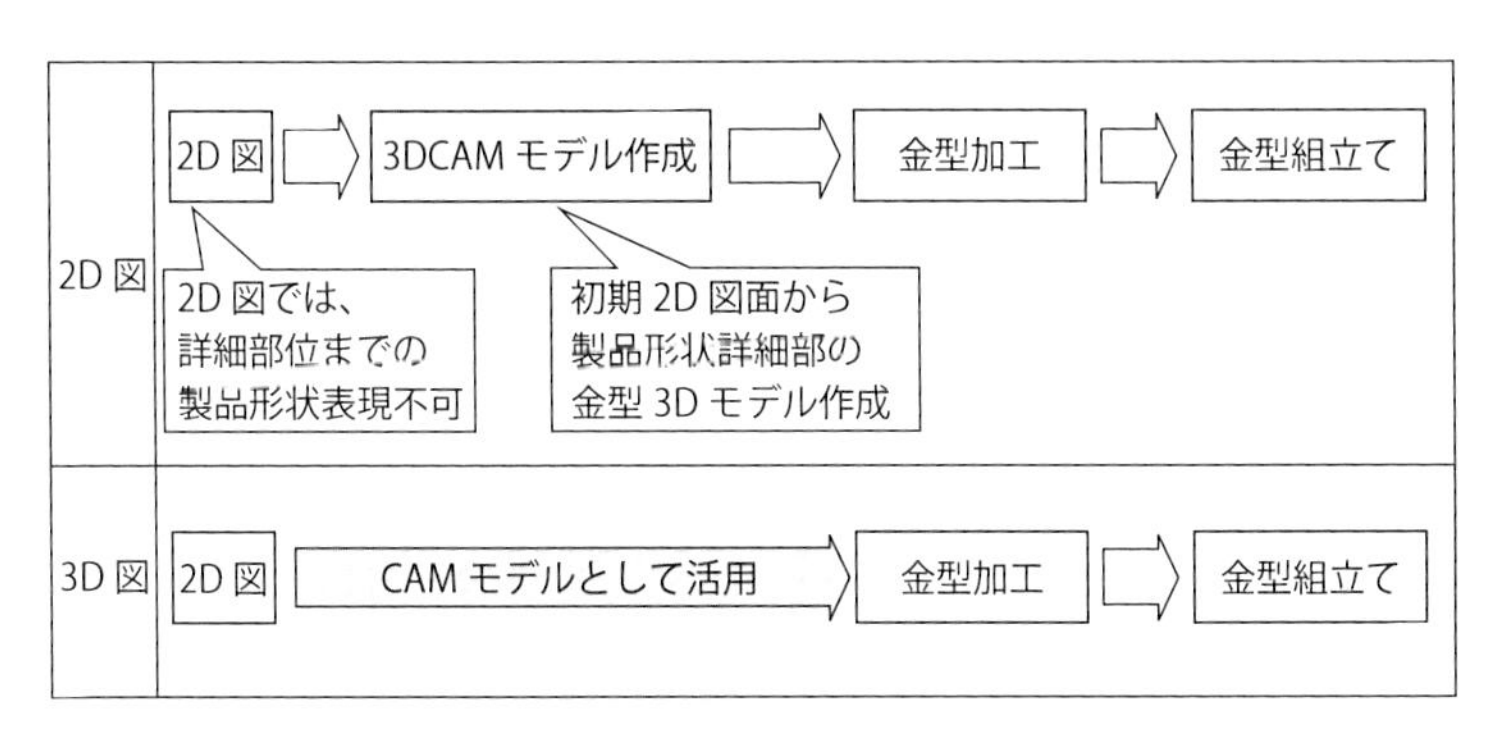

図2・1　2D図と3D図でのCAMモデルの扱い

図2・2　3D図面と切削型3Dプリンタ

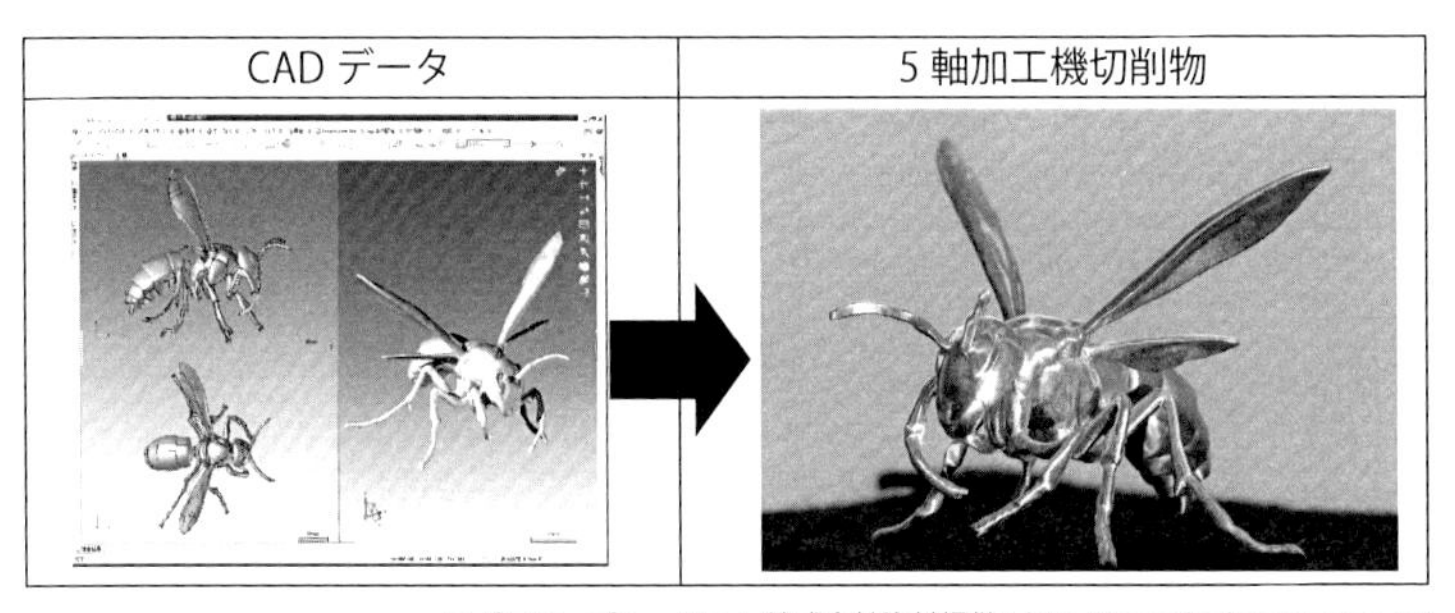

コダマコーポレーション株式会社資料提供：http://www.kodamacorp.co.jp/

図2・3　3D形状をそのまま切削

野にも活用が拡がる。例えば、切削加工の分野では3Dモデル形状をNC加工機の読み込みI／F（interface）プログラムに入力するとNC加工機の切削パス計算とティーチングが、自動的に行われ、個々の切削部品が製造される。これは、3D図面形状をそのまま切削するタイプの3Dプリンタを意味する（図2・2）。

例えば、図2・3のように昆虫の姿の3Dモデルがあれば、それを5軸加工機で簡便に製造することが可能である。このように図面が3D化されることで、正確にモノが造れるようになった。

二・二　製品の機能と品質は図面がコントロール

溶接工程も3D図面を用いることで、誰でも、どこでも、〝面面通りのモノづくり〟が行えるようになった（図2・4）。溶接打点の位置情報は2D図面でも、3D図面においても、同様の位置情報として存在する。これが3D図面になって、3D位置の精度が多少良くなったかもしれないが大きく変わったわけではない。溶接する板の組み合わせ情報なども2D図時代から図面指示は行ってきたからだ。

変わったのは、溶接打点に流れる電流値とその流れる時間を属性情報として入力することができるようになったことである。これにより、3D図面を直接読み込んだ溶接マシンは誰が溶接しても、ど

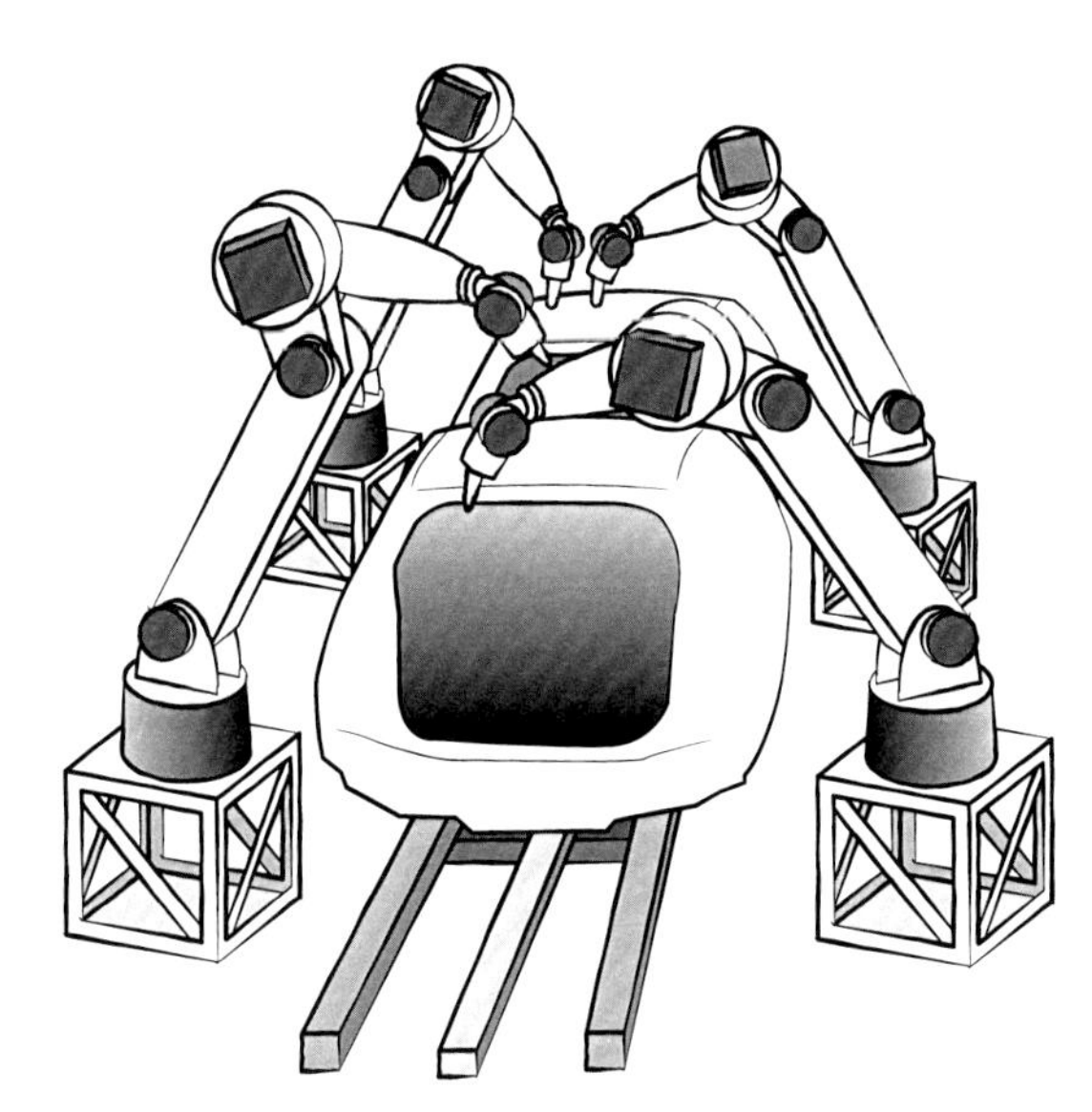

図2・4　溶接工程のイメージ図

こで溶接しても、各溶接打点に流れる電流を規定できるため、各打点の品質と強度が同じとなり、標準化される。すなわち、図面が品質と強度をコントロールできることになる。３Ｄ図面を読み込むと、設計の意図した溶接部品が〝図面通り〟に出来上がることになる。

　これらは溶接分野のことだけではなく、例えばシーリング材の塗布の作業でも同じように、図面が機能と品質をコントロールすることができる。シーリング材の幅、長さ、高さのボリュームを属性情報として規定し、３Ｄ図面に入力することで、どこでも、誰がやっても、同じシーリング機能と品質を持つことになる。

　このように３Ｄ図面と属性情報を用いた

3D情報を活用することで、従来の工作機械、溶接マシン、シーリングマシンなどによる製造品は、どこでも、誰でも、同じ機能と品質の部品になる。これらは広義な意味での3Dプリンタを用いた製造と考えられ、属性情報を持った3D図面は機能と品質をコントロールすることが可能になったと言える。

二・三　3D図面であるバーチャルデータが商品

「図面のようなモノづくり」から「図面通りのモノづくり」へ

従来の設計図である2D図では形状を完全には表現できないことから、製造現場の技術で品質によって形状が異なることがあった。逆に、人の技の入る余地があり、製造現場の技術の違いで品質だけでなく機能への影響も存在していた。製造現場の優秀な日本では、世界のモノづくりの目標となる〝日本品質〟の製品が製造されていた。形状の全てを表現のできない2D図時代は、現場の技術者、技能者の技により設計者の意図を読み取り、図面の持っている情報以上に具現化するモノづくりを行ってきた。これは〝図面のようなモノづくり〟であったと言える。このため、製造現場がどこなのか？　メードインジャパンなのかが一つのブランドとして価値を表現していたことになる。

３Ｄ図面を用いる現在では、形状が完全に表現できることで誰でも、どこでも、同じ形状のモノが造られるだけでなく、溶接マシン、シーリングマシンなどの製造マシンを駆使するデータを入力できることから、〝図面通りのモノづくり〟が行われるようになった。

商品が「モノ」から「データ」へ

３Ｄ図面によって機能と品質をコントロールすることが可能になり、「図面通りのモノを造る」時代になったことから、図面がどこでも、同じ機能、同じ品質のモノづくりの主役となる。モノづくりの主役になったことで、実際の製造物を手に入れるまでの流れが大きく変化する。３Ｄ図面がデータとして送付され、その３Ｄデータを読み込むＩ／Ｆプログラムを準備するだけで、従来のモノづくりの環境を用いて、輸送コストと輸送時間をかけず、その場で同じモノができることになる。このことで、３Ｄ図面のバーチャルデータ自体が商品としての価値を持つことになるのだ。

この図面の持つ機能内容を価値として決めることができると、商品取引のマーケットが成立することになる。次章以降、この取引基盤について説明していく。

第三章

モジュールスペックのカタログビジネスとバーチャルエンジニアリングの融合

～工場制御盤設計改革のプラットフォームビジネス～

三・一　工場制御盤設計の課題

プラットフォームビジネスとバーチャルエンジニアリング技術を、融合した新たなビジネスの例が工場でも見られる。既にGAFAなどで見られる通販のプラットフォームビジネスと同じような、カタログ内に個々の部品を製品モジュール化し、そのスペックデータモデルを掲示し、そのモデルとバーチャルエンジニアリングを組み合わせた新たなビジネスモデルである。

第三章では制御盤の設計を例に、バーチャルエンジニアリングによる革新を具体的に紹介する。

工場の制御盤ってなに？

工場の生産ラインのコントロールや、生産ラインで稼働するロボットのコントロールなどのためにラインサイドに「制御盤」と呼ばれる人間の背と同じぐらいの高さの箱が並んでいる。制御盤の中にはPLC（Programmable Logic Controller）、インバーター、ブレーカー、ヒューズ、変圧器、リレー、電磁開閉器、タイマーなどの装置が内蔵、配置されている。制御盤の外側には各装置の運転状況を見るメータ、スイッチが取り付けられている。工場見学などをすると、生産ラインまわりに並ん

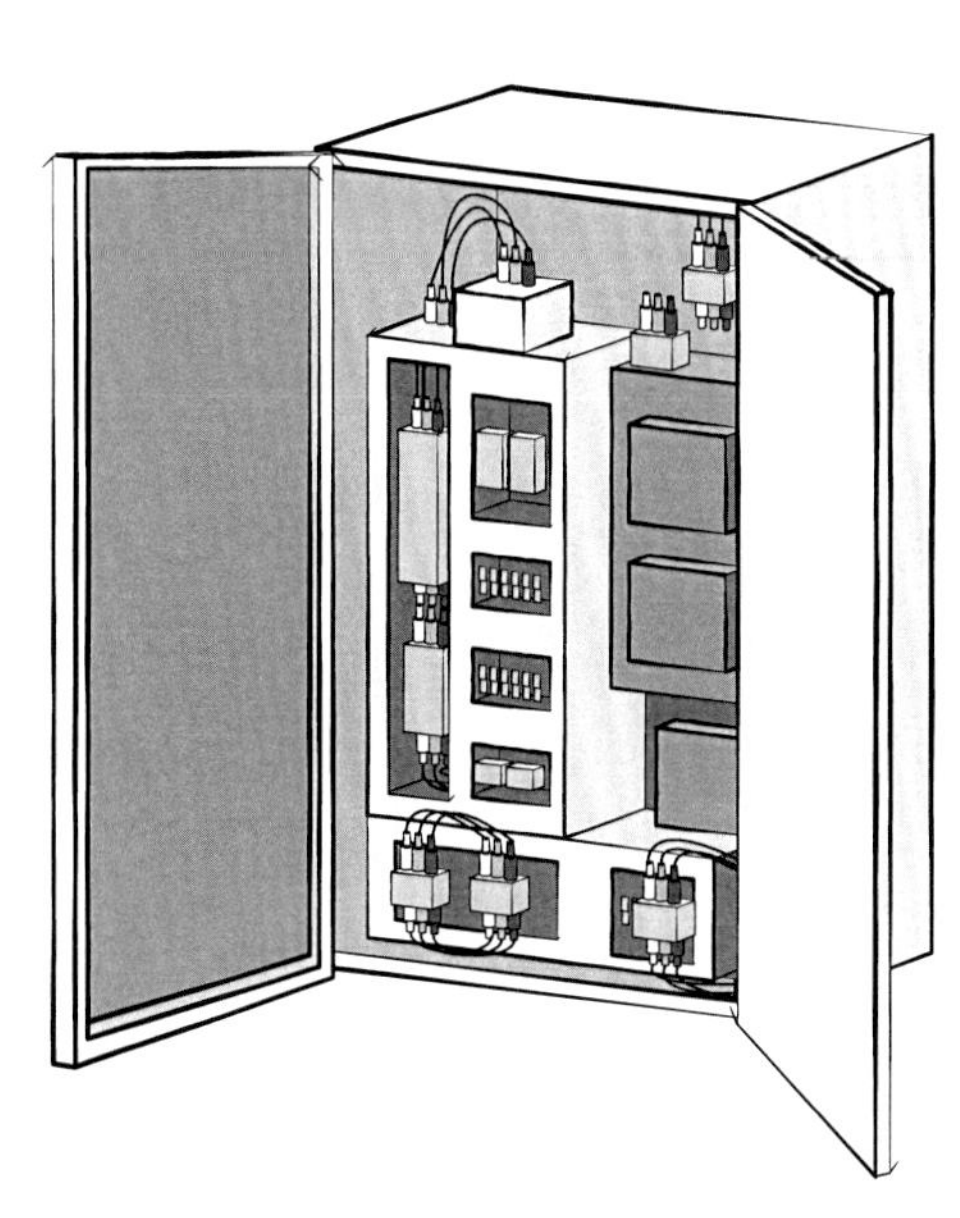

図3・1　制御盤のイメージ図

でいる箱である。（図3・1）。

メータも含めて、工場の生産ラインコントロールを行う重要な設備である。この制御盤は工場、生産ライン、業種別にその機能が違うことから、それぞれの環境からの要求特性に合わせたカスタマイズが基本だ。

各制御盤の内部に配置された各装置から発生する熱や磁力線などが互いの装置に与える影響を少なくするよう、配置設計が行われる。これが、制御盤設計の良し悪しを左右する技術の一つと言える。例えば、A部品からの熱の発生影響を考慮せずに、B部品をA部品の近くに配置した場合、B部品の耐久性への影響や、夏場の気温の高い時期などで安定した制御ができないといった問題が生じる。また、トランスなどの部品から発生する磁力線の影響もあり、他の部品が磁力線の影響を受け、不安定な制御信号が発生することもある。そのため、こうした部品の持つ影響を理解したベテラン技術者による設計が必須である。また、制御盤の外側のメータ、スイッチの操作のし易さなどの検討も加味した設計が必要となる。熟練設計者、技術者による設計や現場の組付けが必要となり、各工場の現場技術者の熟練の動きをサポートするきめ細かな設計検討が行われている。

従来、日本では工場の制御盤設計、製造には、熟練技術者が対応し、熱や磁場の影響が少なく、使い易い制御盤が日本人のきめ細やかな対応から生まれていた。工場、生産ラインごとにカスタマイズした機能が要求され、また、制御盤の筐体自体も企業、工場、生産ラインなどの要望によって独自の大きさだった。設計、設置、現場での作動確認が標準化されておらず、これらの技術推進とメンテナンスのための図面、データの管理も工場側の熟練した技術者に委ねられていた。

こうしたことは日本だけでなく、世界中で同じように制御盤の設計、製造と運転操作などが熟練技術者に委ねられており、業務の属人化対応が基本であった。

日本とドイツの過去からの課題に目を向けてみる。日本での制御盤メーカの問題点としては「技術伝承」「要件定義の曖昧さ」「仕様変更の頻発」などが挙げられる。ドイツでは、「経験豊富なベテランの減少」「コスト意識の増加」「短納期」「非効率なワークフロー&品質問題」などが挙げられた。日本でもドイツでも、「技術伝承」と「非効率なワークフロー&品質問題」が共通状況であった。

ベテラン技術者が不足してきており、「技術伝承」が課題として挙げられ、また各工場向けに制御盤はカスタマイズする必要があるため、「非効率なワークフロー」となり、時として「品質問題」が生じていた。これらに対応するために形状や、設計手法の標準化が必要となっていた。

三・二　モジュールスペックのカタログビジネス

二十一世紀に入り、バーチャルエンジニアリングの成長に合わせ、標準化と設計変更の容易さを考慮した工場の制御盤の３Ｄ化、バーチャル設計手法が世界で大きく進展した。筐体に関しては、サイズ標準化されたモノが用意され、筐体自体のカスタマイズの必要性がなくなった。サイズと内部のレール配置などが標準化され、いくつかのサイズの筐体が提供されている。細かい部分までのオーダーメードではないが、提供されているサイズの種類が多いため、各工場などでの活用に適した筐体を選ぶことができる。また、これらの筐体の３Ｄ図面が用意されていることから、筐体の中の装置の立体的な配置を検討できるようになった。まず、非効率なワークフローの一つが解決したことになる。この内容も含めて、３Ｄ化、カタログ化、標準化による新しい動きを説明する。

各装置の3Dモデルカタログ

制御盤の中のＰＬＣ、インバーター、ブレーカー、ヒューズ、変圧器、リレー、電磁開閉器、タイマーなどの各装置は、様々なメーカが製造し、供給している。各社のこれら各装置などの特性と３Ｄモデル（３Ｄ図面）がＰＤＭ（Product Data Management）システムの中にカタログ化されている（図３・２）。世界中の全ての部品メーカの部品とまでは揃っていないが、主要な企業の必要とする部品はほとんどこのＰＤＭに含まれている。

カタログ登録されている装置特性と特徴データには、装置が発生する熱量や磁力線の影響範囲も知ることができる。このような情報から設計段階で各装置が互いに影響しない配置位置を探ることができる。

従来は、仮組み立て段階で、熟練者の経験と知識をもとに、実際の物を集め筐体を組み立て、その中に各装置を配置することで装置の最終配置図を作成していた。これが、デジタル情報を駆使した検討を行うと、熟練者と同等以上の検討と配置が設計段階でできることになる。また、筐体の中の各装置の立体配置が正確に決まることから配線図を正確に決めることもできる。即ち、従来、仮組み立て時に装置の最終配置を決めた後に作成していた最終配線図も設計段階で完成する（図３・３）。この最終配線図も３Ｄ図であるから、設計段階で３Ｄ上の位置が分かり、各配線のワイヤ線長を決めるこ

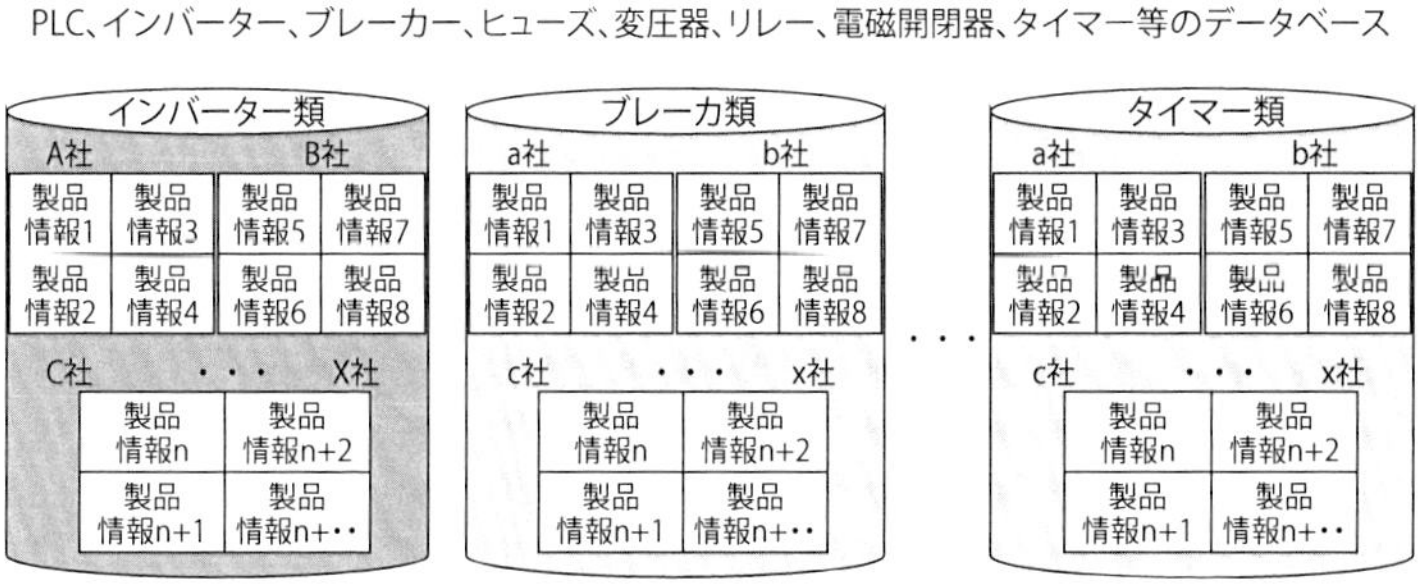

PLC、インバーター、ブレーカー、ヒューズ、変圧器、リレー、電磁開閉器、タイマー等のデータベース

インバーター類
A社　B社
製品情報1　製品情報3　製品情報5　製品情報7
製品情報2　製品情報4　製品情報6　製品情報8
C社　・・・　X社
製品情報n　製品情報n+2
製品情報n+1　製品情報n+・・

ブレーカ類
a社　b社
製品情報1　製品情報3　製品情報5　製品情報7
製品情報2　製品情報4　製品情報6　製品情報8
c社　・・・　x社
製品情報n　製品情報n+2
製品情報n+1　製品情報n+・・

・・・

タイマー類
a社　b社
製品情報1　製品情報3　製品情報5　製品情報7
製品情報2　製品情報4　製品情報6　製品情報8
c社　・・・　x社
製品情報n　製品情報n+2
製品情報n+1　製品情報n+・・

図3・2　装置カタログ

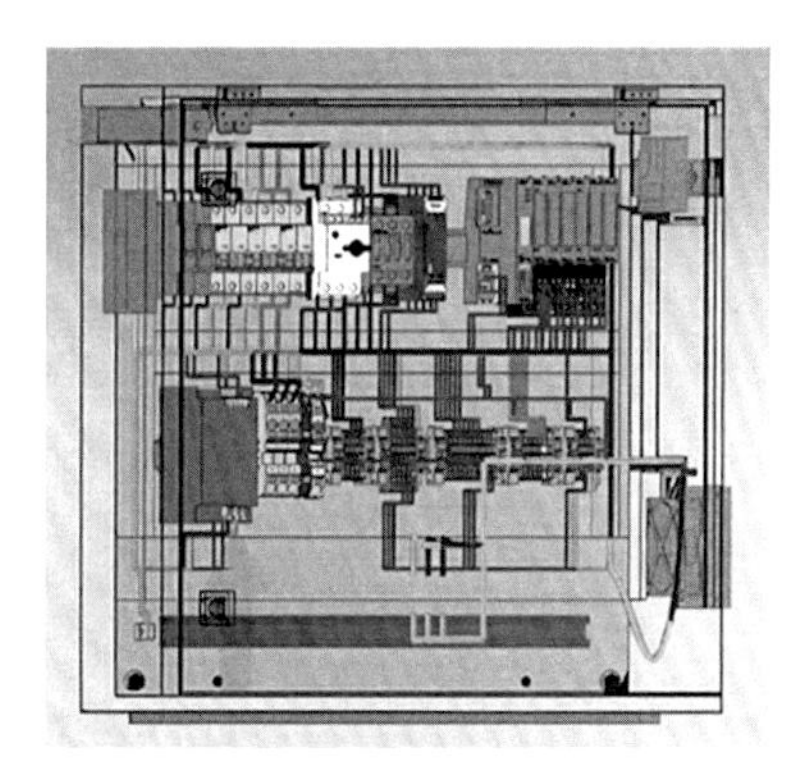

EPLAN Software & Services 株式会社資料提供：https://www.eplanjapan.jp/jp/start/

図3・3　最終配線図

とができる。これにより、従来、実際の筐体と装置を用いた仮組み立て段階で行っていたワイヤ発注が設計段階で可能となる。同時に、この最終配線図が組み立て作業指示用バーチャルモデルとなる。

　このようにPDMの中から、必要とする特性と価格の装置を机上で簡単に選ぶことができる。この手法は我々がAmazonなどの通販サイトを利用する時と同じようなプラットフォームビジネスである。

　カタログ化されたPDMデー

タとそれを活用するバーチャルエンジニアリング手法を提供するビジネスモデルとなっている。このアプリケーションの利用契約を行うと、装置や特性などのカタログの入ったＰＤＭを用いたプラットフォームビジネスを活用できることになる。実は部品の配置の効率的な検討だけでない。次のステップに大きな目的がある。プラットフォームビジネスとバーチャルエンジニアリングを融合し、設計改革、技術伝承、品質保証、納期削減などの大きな価値を生むやり方のビジネスモデルがある。このことを説明するために、まず従来の設計手法を説明する。

三・三　従来行われてきた制御盤設計の手法

ここで、従来、踏襲されてきた制御盤設計の流れと手法を説明する。

仕様書作成と設計

これまで制御盤設計は工場の生産ラインコントロールや、生産ラインで稼働するロボットのコントロールなどの制御要求内容をまとめた設計仕様書の作成から始まる。これは前述したＰＬＣ、インバーター、ブレーカー、ヒューズ、変圧器、リレー、電磁開閉器、タイマーなどの装置を駆使し、生産ラインやロボットをロジックコントロールする機能回路設計のための仕様書である。この仕様書作成段階では、ロボットや自動生産ラインなどの制御プログラム設計が行われる。制御プログラム設計とは、他の分野の制御アルゴリズム設計と同じである。これについては、次章で詳しく説明する。

従来の設計仕様書はＷｏｒｄやＥｘｃｅｌ

これまでの仕様書は、ＷｏｒｄやＥｘｃｅｌといったＯｆｆｉｃｅ系文書で主に作成されていた。この仕様書をもとにＰＬＣ、インバーター、ブレーカー、ヒューズ、変圧器、リレー、電磁開閉器、タイマーなどの各装置を組み合わせ、コントロールの目的を満たす回路図を作成する。それと同時に、各機能を配置検討し、制御盤全体を形成する筐体のサイズも含めた全体の配置図を作成する。

配置図は主に2D図で作成。だから配線の長さは未定

3Ｄ図が広く普及しつつあるが、日本では、制御盤関連の設計は2Ｄ図中心で行われている。その理由として、過去からの経験をそのまま生かせることと、従来から製造現場の情報は2Ｄ図中心で記録されていることから2Ｄ図が踏襲され、2Ｄ配置図が作成される。この2Ｄ配置図は、制御盤内での各装置の立体的な位置は未定のままである。

各装置を結ぶ配線図は作成されるが、各装置の立体的位置が決まっていないことから配置図設計段階では配線の長さは決められない。このため、初期の仕様書作成段階と設計段階では、正確な各装置

の配置と配線の長さが未決定のため、正確な配線図は作成されない。

仮組み立て段階で詳細設計

既に欧州、北米では筐体の基本的な機能や各パーツは、価格と設計効率など標準化されている。日本では、工場ごと、生産ラインごとのカスタマイズ製造が当たり前であり、制御盤筐体は各工場の特性や、使用している人間の特徴などを加味し、サイズや操作性などをカスタマイズ設計、製造を行っていた。それが継続していることから、標準化されたサイズの筐体活用が進んでいない。このため、現場の担当者の要望、設計熟練者の考え方で、同じ工場の中でも形状や使い勝手などで統一性のない筐体が並ぶこともある。このように筐体が標準化されていないことが多い。

制御盤の中の各装置の立体的配置や使い勝手などの検討は筐体の仮組み立て時に行われる。この仮組み立て段階で、ベテランの制御盤技術者が装置の配置と配線の長さを決める。この段階である意味、詳細設計を行うことになる。この仮組み立て段階が非常に重要な工程となり、最終配置図や最終配線図が作成される。

制御盤筐体は組み立て完了後、現地に搬送

最終配置図や最終配線図は現物が揃うまで作成されないことから、筐体と各装置の組み立ては現地

に備え付ける前に、事前に行われる。備え付ける工場の生産ライン現場へは組み立てられた完成状態の筐体が搬送される。筐体そのものが大きいだけでなく、輸送中の振動などによる内部の各装置の破損や結線外れの可能性があり、梱包も含め、輸送対応が必要である。また、現地では組み立てた筐体内の装置の再調整を行う。このように各装置を組み立てた筐体の搬送には梱包、搬送後の調整など、装置、筐体自体以外にもコストがかかる。

三・四　バーチャルエンジニアリングを用いた制御盤設計

バーチャルエンジニアリングを用いても、機能回路設計の仕様書作成の考え方は変わらない。違いは3D図とデジタル情報を駆使し、早い段階で最終配置図や最終配線図が作成されるようになったことである。

制御盤の仮組み立ては不要に。配線も3D図面の中で

サイズ標準化された筐体は、3D図面と共に販売されている。各装置が発生する熱や磁力線の影響範囲が既に示されていることから、3D図面を用い、筐体の中の装置の立体的な配置を検討、決定することができる。このことから、出荷前の詳細設計を意味する事前の仮組み立ては不要となった。

従来、事前の仮組み立て時に熟練技術者が2D図の配線図を眺め、確認しながら配線の組付けを行っていた。このため、作業場所には常に熟練技術者の存在が必要であり、熟練技術者が作業する設置現場か、組み立てを行う工場環境で配線と結線の作業を行った。しかし、3D図の中で筐体内の装置の立体的な配置ができるようになったことから、正確な配線が可能となった。また、配線設計時に各ワイヤは長さと取り付け位置が決まることから、その時点でワイヤの取り付け指示図面が完成することになる。それと同時に、3D図の取り付け指示図面に連動した情報内容を示すコードを記載したワイヤ（図3・4）の製作発注が可能となった。

画面で配線指示

ワイヤに記載されているコードを読み取るとタブレット端末（図3・5）やMR（Mixed Reality）などでその配線が色で明示され、配線ポイントが指示される（図3・6）。MRについて簡単に説明すると、スマートフォン向けゲーム「ポケモンGO」などで一般の生活の中で既に活用されているバーチャルとリアルの融合したバーチャルリアリティ（Virtual Reality：VR）の一つである。

現地での組み立て作業時、筐体の中の各装置を、MRデバイスを介して眺めるとその装置間を結ぶ結線指示がMRの画面を通して正確に知ることができる。現在ではMRの環境が低廉で入手可能となった。このため、タブレット端末だけでなく、MRを用いた作業環境への普及が一般的になった。

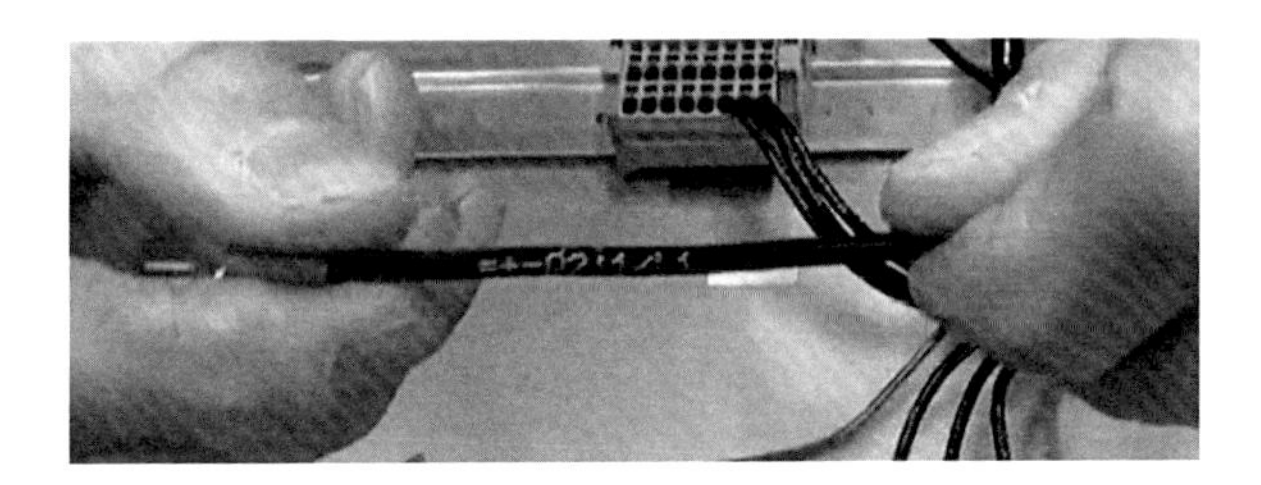

図3・4　コード情報の記載された配線

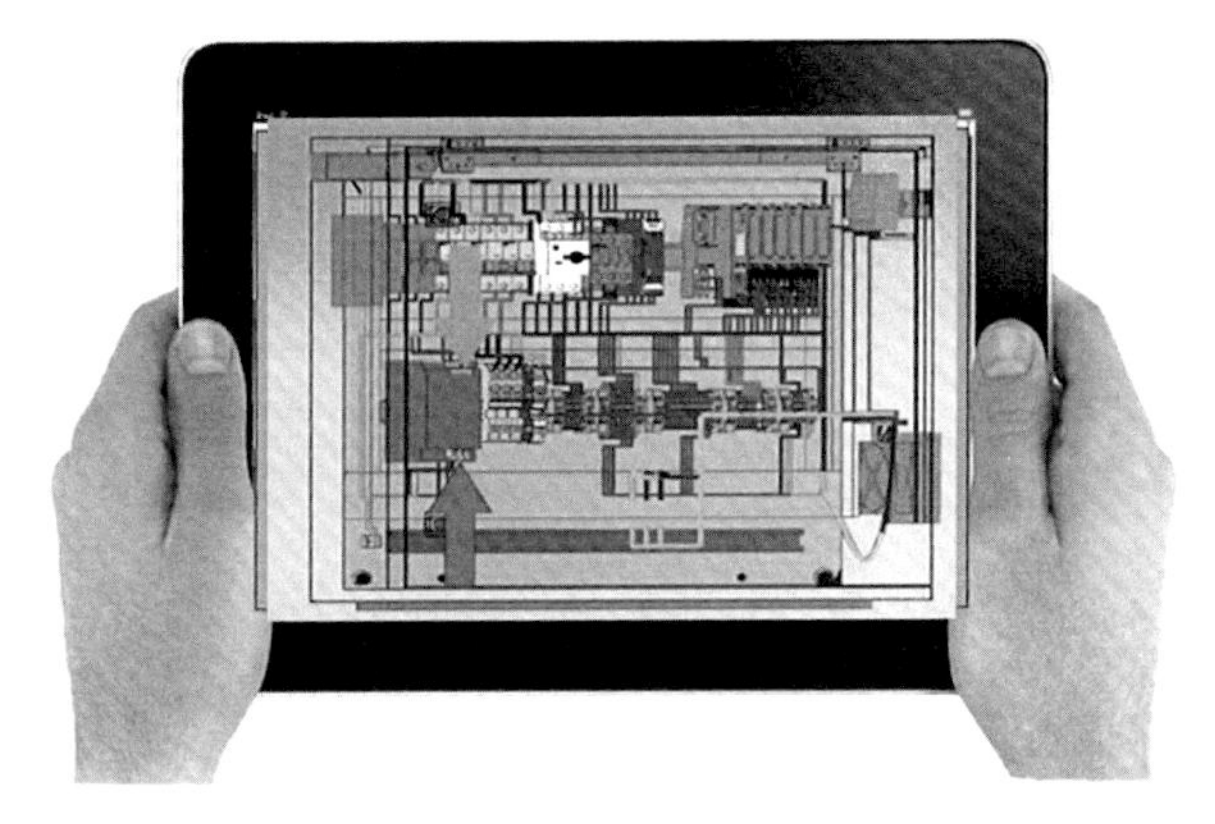

図3・5　タブレット端末を用いた配線ポイント指示

図3・6　MRを用いた配線ポイント指示

図3・4、図3・5、図3・6のいずれもEPLAN Software & Services株式会社
資料提供：https://www.eplanjapan.jp/jp/start/

こうした環境を活用することで、熟練技術者に依存せずとも、現地で間違いなく結線作業、組み立て作業を行うことができるようになった。

品質保証とメンテも簡便化

ＭＲ、またはタブレット端末からの作業指示に結線終了確認を行うと、同時に結線確認の情報が最終配線図に記録される。作業の終了確認も記録されることから、他の作業者への仕事の継続を確実に行える。これはメンテナンスを行う際も同様であり、最初の組み立て時とメンテナンスの再組み立て時も、作業者が異なったとしても、結線などの確認保証は同じレベルの作業となる。これは、製品製造時とメンテナンス再組み立て時の双方の組み立て品質を保証することにつながる。

また、各装置から発生する熱量や磁力線の影響は、３Ｄバーチャルの配置図と回路図に記載される。後日、メンテナンスや各装置の機能向上などでの配線変更時も、この影響を考慮した対応の検討が可能である。従来は、このような熱量や磁力線の影響を検討した情報は図面内に残されないため、その制御盤作成時に対応した熟練者か、その内容を理解している関係者が過去に検討した内容を振り返り、思い出しながら対応することが多かった。しかし、図面に入力する属性情報が充実することで、メンテナンス時も正確な情報を知ることができる。現在のバーチャルエンジニアリングを用いたやり方では、入力された情報から従来、熟練者の行っていた品質対応も可能となった。

輸送コスト削減

先にも紹介した通り、制御盤は事前に装置を組み込み、筐体を組み立ててから現地に搬送していた。筐体そのものが大きいだけでなく、内部の各装置が輸送中の振動などによる破損や結線外れの可能性があり、その梱包も含め、輸送対応が不可欠である。また、現地では組み立てた筐体内の装置の再調整を行う。このように大きな筐体の輸送は大きなコストが含まれている。

これがバーチャルエンジニアリング時代になってから、組み立て前の部品を現地に送るだけで、現地で確実に、そしてデータを管理しながら組み立てを行うことができる。途中の作業が短縮されただけでなく、現地作動を確実に確認できるため作動品質が上がり、輸送コストは大きく下がることになる。

三・五　工場制御盤設計の変革

図3・7を用いて、設計から設置までの開発の流れに沿って制御盤設計の変革を説明する。

従来の開発の流れを項目に分けると、A. 仕様書作成　B. 設計　C. 制御筐体の設計製造　D. 仮組み立て　E. 組み立て　F. 輸送　G. 現地調整　H. 設置となる。その他に最終図面作成、メンテ

	A. 仕様書作成	B. 設計	C. 制御筐体の設計製造	D. 仮組み立て	E. 組み立て	F. 輸送	G. 現地調整	H. 設置
従来	・各機能装置の特性検討した仕様文書 ・制御プログラム仕様書作成	・機能装置配置図（2D 図） ・各機能配線図（2D 図）	・筐体外部設計 ・筐体内部設計（配置用レール設定等） ・筐体製造	・各装置の最終配置図作成 ・最終配線図作成 ・ワイヤ線長決定＆ワイヤ製造	・組み立て ・作動確認 ・最終状態	・発注元現地へ最終姿状態の制御盤出荷	・調整	・設置 ・最終作動確認
バーチャル化	・機能仕様カタログを用いた 3D 図仕様書 ・筐体標準品選定 ・制御プログラム仕様書作成	・各装置の 3D モデル活用した配置図＆配線図 ・バーチャルでの作動確認	直接現地で部品を納入＆組み立て（→）			・各部品現地納入（組み立て前の筐体／各装置部品／ワイヤ等）	・組み立て	・設置 ・最終作動確認

図3・7　制御盤設計の変革

ナンス用のドキュメント作成が残されているが、この内容は各工場での管理の仕方で変わるらしい。

プラットフォームビジネスとバーチャルエンジニアリング技術の融合の新しいビジネスモデルにより、C．制御筐体の設計製造　D．仮組み立て　E．組み立ての三つの工程が不要になる。

ＰＤＭ公開とバーチャルエンジニアリング環境で、もう一度整理すると、制御筐体の設計製造などの三つの工程が不要になった。また、
①搬送は組み立て前の各装置部品としてのコンパクト化
②搬送後に組み立てるため、搬送時の振動などによる不具合の発生はなくなる
③現地での組み立ては、ＭＲなどで確実な結線作業が可能
となり、以上の結果から、
・三分の一以上の期間短縮
・搬送コスト削減
・品質保証された組み立て
・メンテナンス対応のできる最終配置図と最終配線図作成
がもたらされ、制御盤設計とその製造は大きく変革した。

「技術伝承」と「非効率なワークフロー&品質問題」の解決

工場制御盤設計の改革は日本よりも欧州が早い。欧州では「技術伝承」「非効率なワークフロー&品質問題」といった課題に直面し、その対策が急務になっていたため、既にバーチャルエンジニアリングを用いたやり方に移行、普及している。既に、これらの課題は解決したと言えよう。

制御盤の設計、製造の動きを例にこのビジネスモデルを眺めることで、一般的な工業製品の設計・製造改革状況を理解することができる。

第四章

自動運転で変革急務な
制御設計とソフトウェア開発

３Ｄ図面の持つパフォーマンスを第二章で説明した。３Ｄ図面が、製造物の機能と品質をコントロールできることから、図面が商品としての価値を持つことになり、従来のモノづくりの基盤に大変革が起こっている。この章では機械製品の動きをコントロールする制御アルゴリズムの設計について説明する。

四・一　工業製品の組み込みソフトの急進展

工業製品の組み込みソフトウェアの機器機能に及ぼす割合が急増している。現在、製品開発費におけるソフトウェア分野の占める割合は七〇％を超えるという（図４・１）。三万点を超えると言われる自動車の各モジュールの中に組み込まれているソフトウェアに注目すると、とんでもない状況になってきた。

自動車の高機能化により、自動車部品や各モジュール、電子系部品に占めるソフトウェアの割合が増加中である。自動車に含まれる電子部品自体がこの十年で二倍に増加し、ソースコード行数は平成十二年時点では一〇〇万行程度だったものが、現在では一億行以上という規模まで増大している。これを他の製品などに含まれているソフトウェアのソースコード行数と比較すると驚くことが判明する。例えば、ステルス戦闘機として有名なアメリカ軍用機のステルス戦闘機Ｆ－35に使われている制

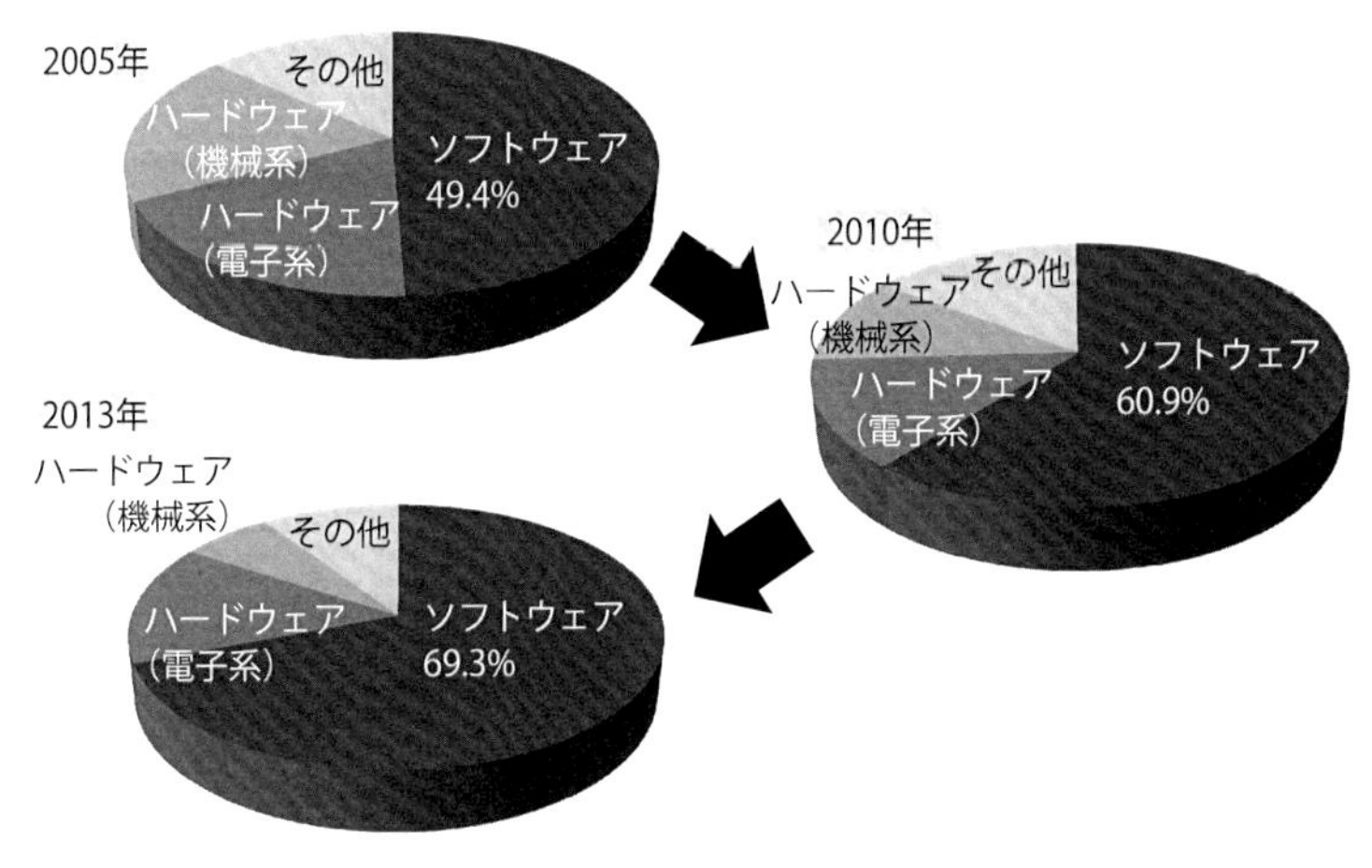

図4・1　製品開発費に対するソフトウェアの割合

御プログラムのソースコード行数は二四〇〇万行と言われている。これは、自動車のソフトウェアのソースコード行数の約四分の一しかない（**図4・2**）。パイロットの中でも特別な訓練を受けた戦闘機パイロット向けの制御プログラムと、運転免許証を持った一般の方の運転する自動車の制御プログラムを比較することが正しいのかは不明であるが、自動車に使われている機器のソフトウェアが巨大になっていることは言えそうである。また、Microsoft Office（二〇一三）のOSプログラムは自動車の約二分の一の四四〇〇万行と言われている。

この傾向は、今後、自動車の自動運転などが一般化すると、電子化はより加速化し、その複雑化は天文学的数字になる。それを示している

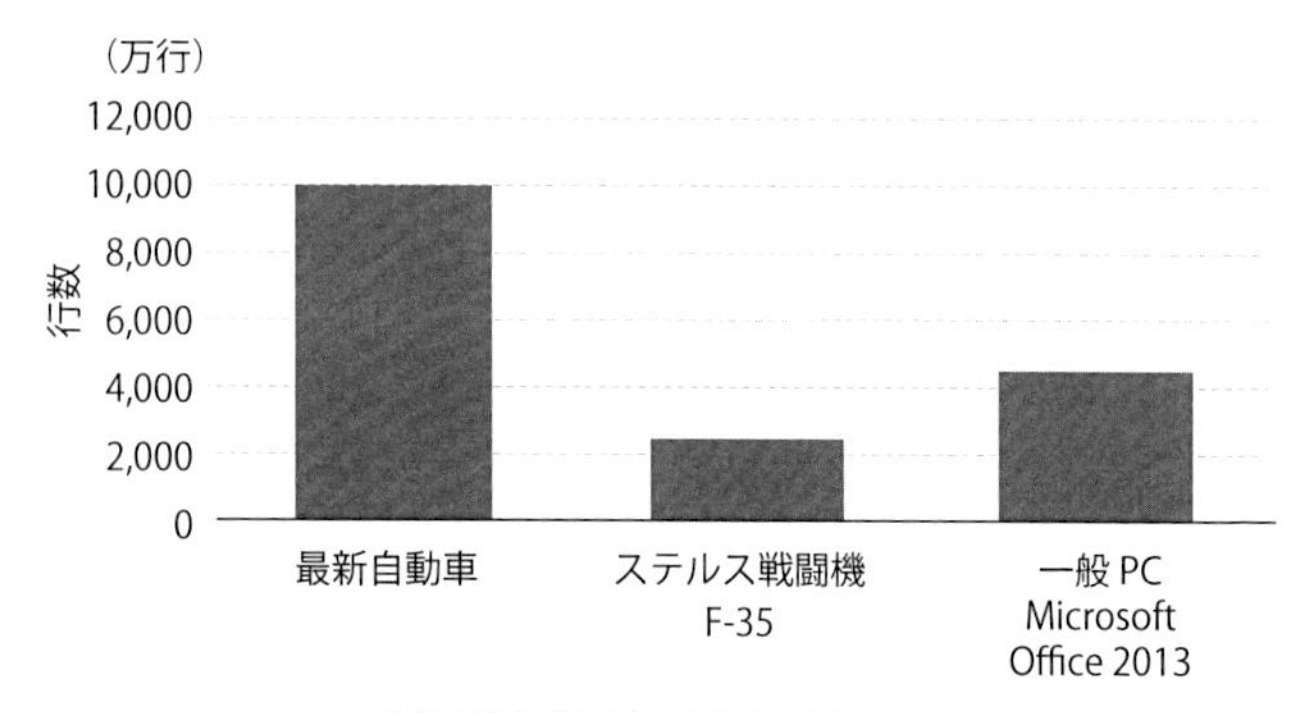

経済産業省「自動車新時代戦略会議（第 1 回 18Apr2018）」公開資料 1 より

図4・2　ソフトウェアソースコード行数比較

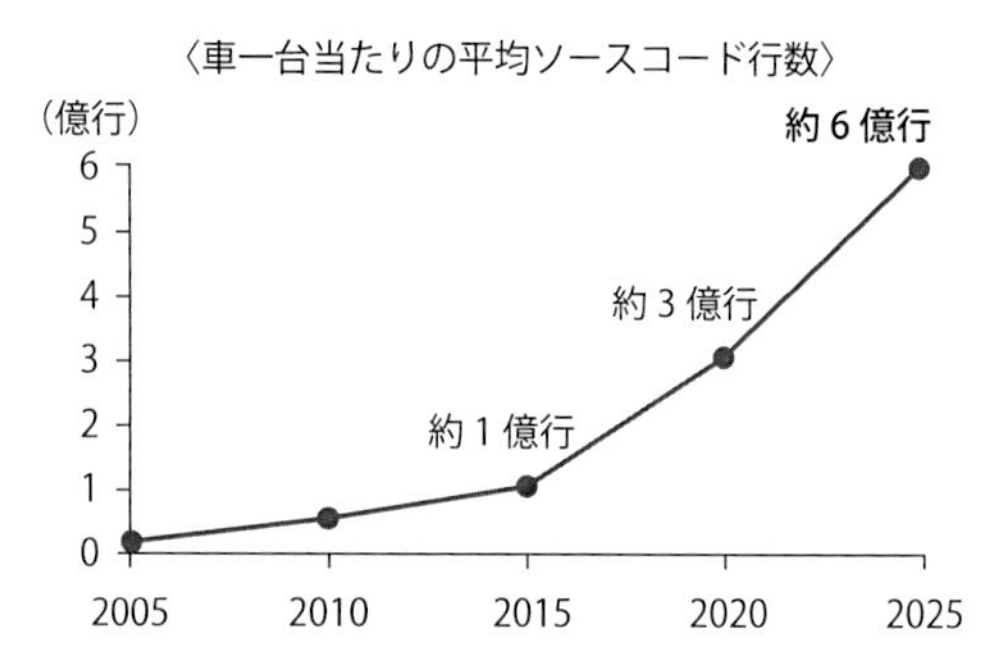

経済産業省「調査報告書：平成 29 年度高度な自動走行システムの社会実装に向けた研究開発・実証事業（シミュレーション技術を活用した開発高度化、認証の実態調査）」より

図4・3　自動運転、EV化に伴いソフトウェアの複雑化予測

のが図4・3である。これによると二〇二五年にはソースコード行数は六億行になってしまう。ステルス戦闘機F－35のソース行数の二十倍以上となる。制御設計内容を実機や、実車で検証を行う従来のやり方では膨大な作業対応となり、事実上、不可能となることが予測される。

四・二　制御設計の大改革が進んでいる

最初は制御設計を分かりやすく

二十世紀の後半まで、制御の動きを規定する制御アルゴリズムは主に運動方程式の形で表現されてきた。その運動方程式をモデル化し、それらを結び付けたブロック線図で制御アルゴリズムを表現するやり方が二十世紀後半より一般的となった。これにより、アルゴリズム設計の内容が分かりやすくなった。このため、開発設計段階での情報共有ができるようになり、共同で制御設計が可能となった。これに伴い、制御の機能範囲、設計の効率などのレベルが上がり、制御設計は大きく変革された。これが制御設計の初期段階の変革である。３Ｄ図面の普及やバーチャル技術の発展の前の段階から、このアルゴリズム設計手法の活用と普及は進み、ツール充実と共にこの二十年間、静かに変革してきたと言える。

制御アルゴリズム検証手法が大改革

大きな変革が起きているのは、その制御アルゴリズムの正当性を確認する検証手法である。

(一)ハード実物部品を用いたシミュレータHＩＬｓ

二十世紀後半よりＨＩＬｓ（Hardware in the Loop Simulation）と呼ばれるハード部品を用いた検証用シミュレータ技術が普及した。**図4・4**の一番上にあるのがＨＩＬｓである。

これはハードウェア部品の組み合わせたモジュールそのものを確認する方法である。実機とは言え、自動車一台や、完成品全体を用いずに、単体モジュール実機のシミュレータである。制御アルゴリズムの実装したＥＣＵ（Electric Control Unit）を用い、最終製品に組み込む前に現物モジュールの制御機能検証を行うやり方である。実機の持つ、剛性からくる変形による制御遅れや、回転軸などの遊び（隙間からくるガタ）も含めた制御動作の確認に、制御アルゴリズムの実装したＥＣＵが使えることから、制御アルゴリズムの見直しをシミュレータで確認、検討、検証が可能となった。これらの確認、検討、検証をシミュレータで繰り返すことで制御設計が効率化されただけでなく、設計品質が格段に向上した。

このＨＩＬｓは制御設計検証を充実し、制御品質を上げるツールとして革新的なものであった。ＨＩＬｓが登場以来、開発の重要な武器として位置付けられ、現在も成長している。

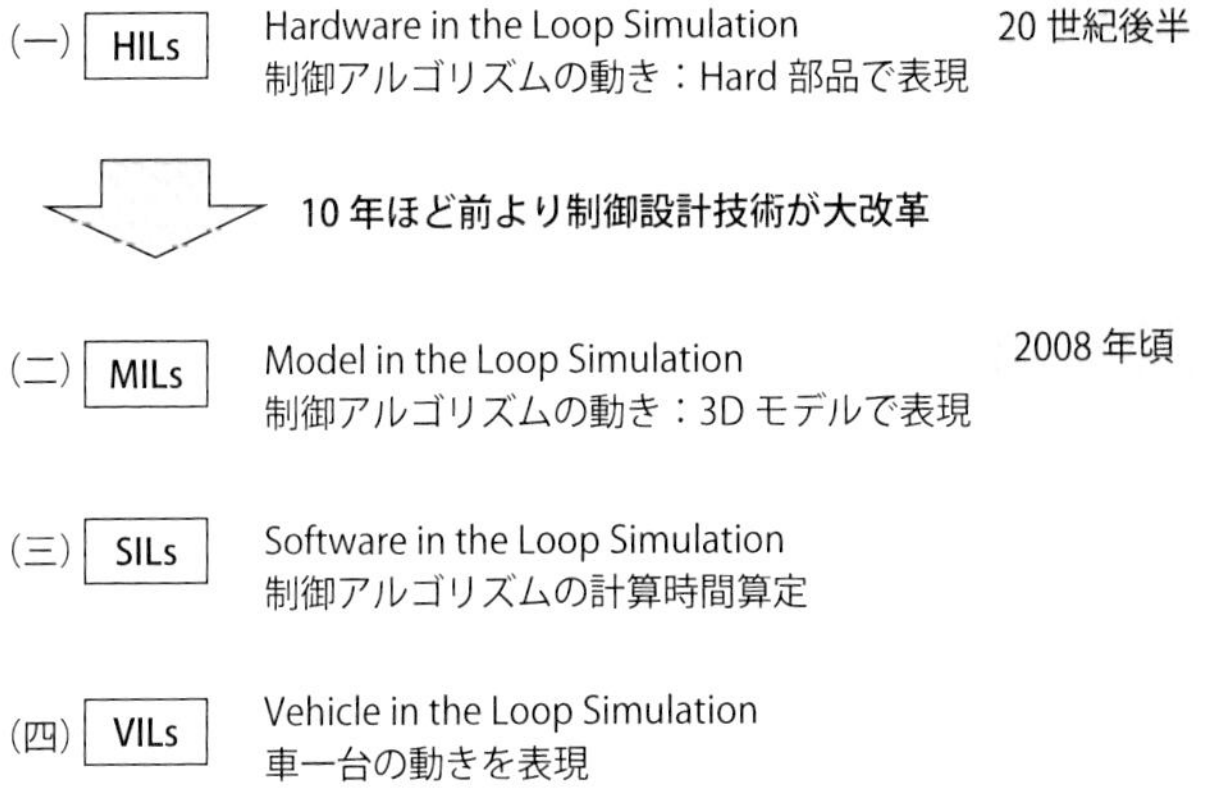

(一) HILs　Hardware in the Loop Simulation　20世紀後半
制御アルゴリズムの動き：Hard部品で表現

10年ほど前より制御設計技術が大改革

(二) MILs　Model in the Loop Simulation　2008年頃
制御アルゴリズムの動き：3Dモデルで表現

(三) SILs　Software in the Loop Simulation
制御アルゴリズムの計算時間算定

(四) VILs　Vehicle in the Loop Simulation
車一台の動きを表現

図4・4　制御設計改革の流れ

(二)ハードウェアの代わりに３Ｄモデルを用いたシミュレータＭＩＬｓ

非常に効果的であったＨＩＬｓのハードウェア部品の代わりに、３Ｄモデルを用いたのがＭＩＬｓ（Model in the Loop Simulation）である。図４・４において上から二番目がＭＩＬｓである。

制御アルゴリズムの三次元の挙動をハード部品の代わりに３Ｄモデルを用いて挙動検証を行うことが二〇〇八年頃に始まった。３Ｄ図面の普及から、３Ｄモデルが開発現場に存在し、３Ｄモデルによる検討が一般的になり、制御設計とＣＡＤデータを用いた３Ｄ形状が融合したことになる。ただし、二〇〇八年当時、３Ｄモデルは剛体のため部品の変形が考慮されず、部品変形による制御遅れまでは検証できなかった。また、回転部位などはガタのない動きであり、ガタ成分による制御遅れを表現するところまでの考慮はできなかった。このため、変形やガタ成分による制御の遅れを入れた検証は、部品の変形、ガタ成分がそのまま存在するハード部品を用いたHILs検証が必要であり、「HILs主」、「MILs従」の検証体制であった。

これが二〇一〇年頃に、大きな改革が行われた。ハードウェアの代わりに用いられる3Dモデルでそのまま CAE解析し、モデルの剛性による変形を表現できるようにしたのである（**図4・5**）。また、二〇一〇年当時、既に3D図面の進化により2D図と同じように公差寸法の情報を持つことができるようになっていた。公差解析プログラムを用いると回転軸などの遊び（隙間からくるガタ）も表現可能となった（**図4・6**）。実機の持つ剛性から来る変形による制御遅れや、現物の回転軸などの遊びから来る制御遅れも含めた検証はHILsでしかできなかったが、それが実物で生じる遅れ時間をHILsと同様に、正確にシミュレートできる同じ機能がMILsに備わった。

このように変形とガタ成分による遅れ時間を考慮できる「MILsが主」、「HILsが従」の立場に変化したのは、最初にMILsが現れた一年半後の二〇一〇年である。3Dモデル、CAE解析、データ連携などの環境が整っていたことから制御開発側のニーズを実現するのが早かったと言えるが、それほど、制御設計の現場からの切迫した要求が大きかったと言える。

(三) ECU代わりのシミュレータSILs

ここで、SILs（Software in the Loop Simulation）というシミュレータを説明したい。図4・

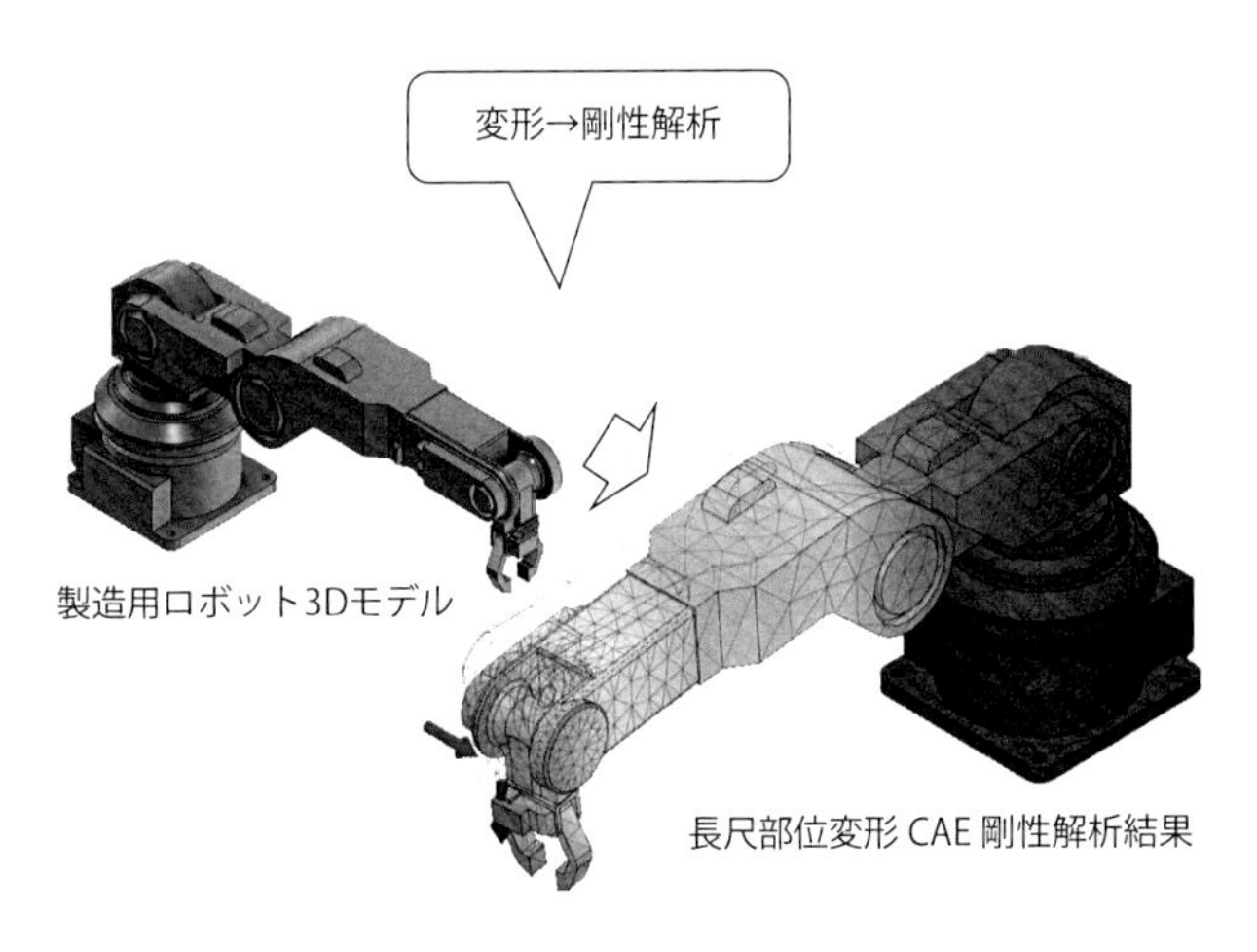

図4・5　変形による作動遅れをCAE解析で算出

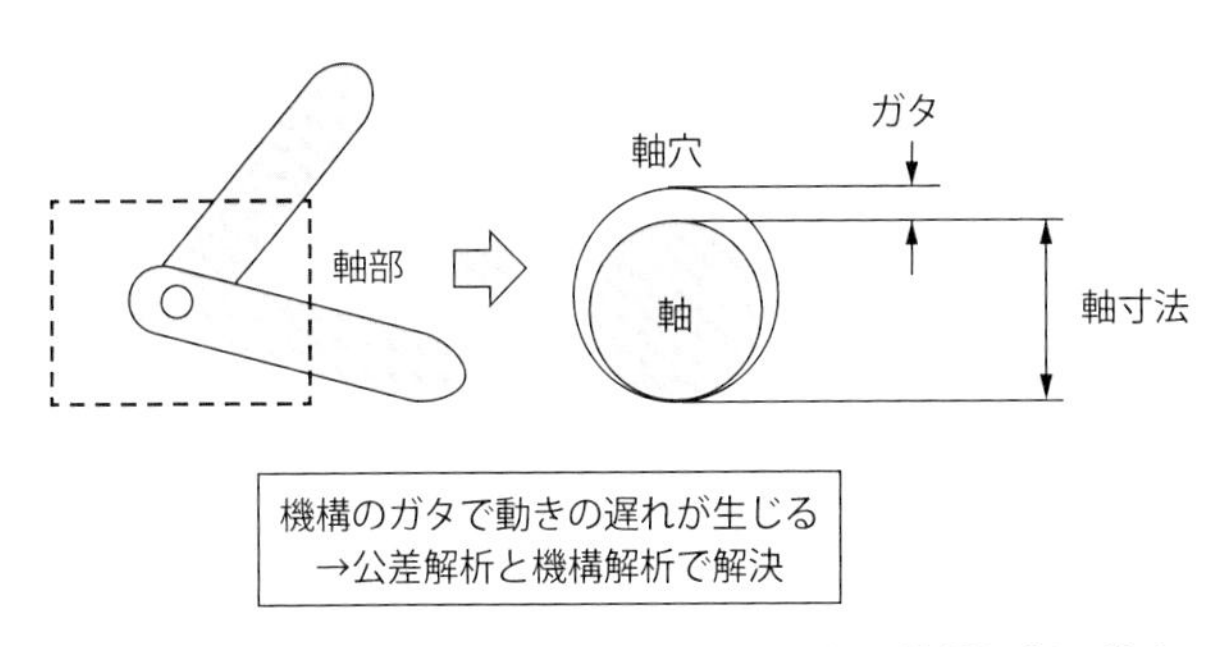

図4・6　機構ガタによる動作遅れを公差解析と機構解析で算出

4の三番目である。

制御アルゴリズムを実装したECUの代わりに、ECUパフォーマンスを表現するシミュレータがSILsである。制御アルゴリズムのプログラム計算時間は従来、ECUに実装した作動結果を検証し、把握した。精度は低く、簡易確認程度ではあったが、二十一世紀初頭には既に制御アルゴリズム計算を探るSILsが登場していた。二〇一〇年頃にはSILsの精度が上がり、ECUのパフォーマンスを正確に評価できるレベルになった。これで、実装ECUを用いた時のECU計算能力により、制御遅れを考慮した制御アルゴリズム演算時間で制御指示を出すシミュレータとなった。

ECUの信号の動きをイメージしたのが図4・7である。ECUのサイクルタイムの中に、各部位からの状況を示す情報が入力され、その入力されたデータから制御アルゴリズムに従った計算を行い、制御信号を出力する。ECUでは制御指示内容をプログラムに従って計算する。そのため計算が終わるまで信号を出力することができないことから、計算パフォーマンスの遅いECUでは制御の要求された動きに間に合わなくなる。状況情報によっては、違うアルゴリズムの計算に移るかもしれない。そのため、それらのアルゴリズム処理にかかる計算時間と信号のやり取りにかかる時間を正確にシミュレートする必要がある。その計算をするのがSILsなのだ。

ECUパフォーマンスの違いも表現できることから、制御許容時間の中で制御挙動が成立するECUを選ぶことも可能になった。このシミュレータを用い、最適ECUパフォーマンスを選ぶこと

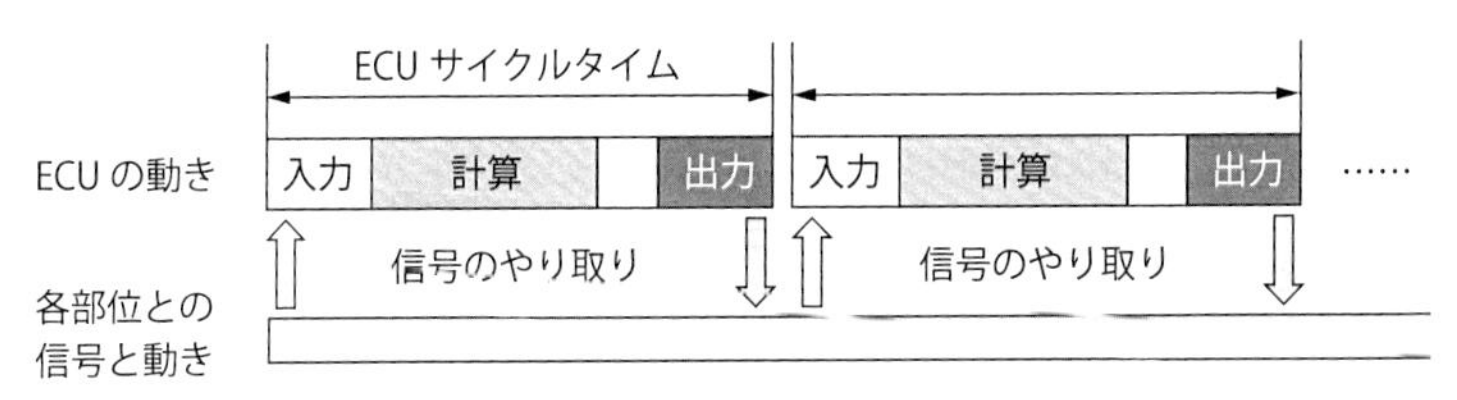

図4・7　制御アルゴリズム計算と信号の入出力

でＥＣＵのオーバークオリティを防ぐことができ、コスト検討も可能となる。ハードを含めたモジュールにも推奨ＥＣＵパフォーマンスをモジュールの必要スペックとして決めることができるようになった。

モジュールを表現するモデルは、その３Ｄ図面と属性情報で必ず同じものが造れることを担保し、ＭＩＬｓ、ＳＩＬｓの制御モデルはモジュールの持つ動作機能を担保する。ある意味、モデルが最終製品になる。もう既にお分かりと思うが、このモジュールモデル自体が最終商品として、カタログ販売が可能となっている。それでは、各モジュールを集めた自動車や、飛行機などの最終アセンブリ製品の姿を説明する。

㈣ＭＩＬｓ、ＳＩＬｓの塊、車一台分のシミュレータＶＩＬｓ

ＭＩＬｓ、ＳＩＬｓと３Ｄモデルを連携すると、ＶＩＬｓ（Vehicle in the Loop Simulation）と呼ばれる自動車一台の挙動検証の可能な巨大なシミュレータが現出する。図４・４の一番下に記述されているのがＶＩＬｓである。

このＶＩＬｓは全ての部品、部位、制御機能が機能連携するようにモデル化されており、制御アルゴリズムの検証だけでなく、操縦性、燃費、走行パフォーマンスなどの自動車一台分の検討と検証が可能になる。すなわち、ＶＩＬｓモデルは、自動車の持つ機能、各部位の機能、自動車の動きの中での部品の機能などの検証と検討まで行う巨大なシミュレータを意味する。その活用実態を眺めれば、ある部位（モジュール）のＭＩＬｓモデルを入れ替えることにより、その部位の持つ機能が影響する自動車自体のパフォーマンス評価が可能となる。例えば、サスペンションの仕様を変更した時、どのような走りのパフォーマンスを示すかをシミュレート可能である。サスペンションのＡ仕様とＢ仕様の自動車の運動性能としての比較を机上で行うことができるのだ。

このような開発での検討、検証を行うやり方は「モデルベース開発」と呼ばれている。日本では、ＭＩＬｓのみを使うことをモデルベース開発と呼ぶことがあり、欧州の一般的に言われているモデルベース開発と定義の異なることがある。日本では制御モデルの開発中心に進められており、３Ｄモデルとの連携が少ない。そのため、制御アルゴリズムの検証は変形やガタによる遅れ時間や、ＥＣＵの計算遅れ時間の算出を行わないことから、日本では、実機ベースの制御アルゴリズム検証のＨＩＬｓ中心の開発体制に留まっている。

四・三　各モジュールモデルを連携するプラットフォーム

シミュレータＶＩＬｓは開発プラットフォーム?!

ＶＩＬｓを用いて、自動車一台の振る舞いを検討、検証が可能となることから、各モジュールモデルをその振る舞いに適した機能を持つのか、評価することができる。また、要求する自動車一台の振る舞いから逆に、モジュールへの機能要求特性を求めることができることから、各モジュールの設計もＶＩＬｓを用いて可能となる。これが世界で言われているモデルベース開発である。このＶＩＬｓを各サプライヤへ公開し、各モジュール性能になるよう、共同開発も可能になる。もう既にお分かりになったと思われるが、このＶＩＬｓが開発プラットフォームなのである。

図4・8を見て頂きたい。ＨＩＬｓとＥＣＵの組み合わせは、ＭＩＬｓとＳＩＬｓに置き換えられる。このＭＩＬｓとＳＩＬｓの組み合わせのモジュールを全て集合させると自動車一台の各部位、各モジュールの挙動と仕様検証が行うことができる。すなわち、自動車一台の巨大なシミュレータである。

図４・８はステアリングシステムモジュールを例にしている。左側で示すように、従来はＨＩＬｓ

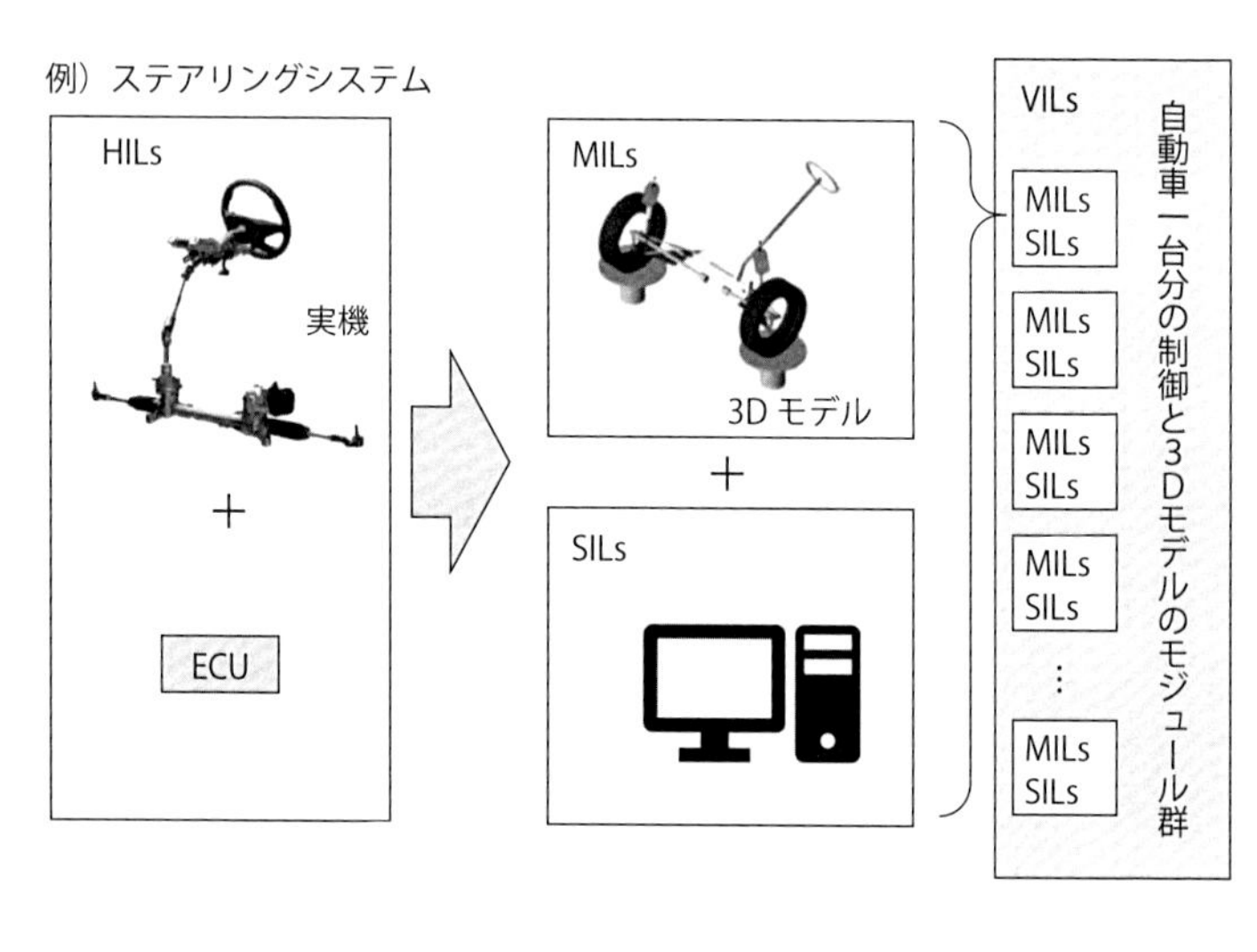

図4・8　VILsを構成するMILsとSILs群

とＥＣＵの組み合わせで行われた。それが、二〇一〇年以降、ＨＩＬｓの代わりはＭＩＬｓ、ＥＣＵの代わりはＳＩＬｓが対応する。この検討段階にハードウェアは存在しない。このＭＩＬｓとＳＩＬｓを集めた〝塊〟が右側のＶＩＬｓとなる。

モノづくりのプラットフォームビジネスはこれで完成?!

モジュールモデルはその３Ｄ図面と属性情報で同じものが造れる。また、製品のほとんどの機能制御するソフトウェアと連携した３Ｄモデルは、モジュールと製品の動作と挙動が正確に表現され、機能保証する。そのようなＭＩＬｓ、ＳＩＬｓ、ＶＩＬｓのモデル設定技術が確立された。このため、モノづくりのプラットフォームビジネスはこれで完成したと思われるかもしれないが、まだ、やっと必要条件が揃っただけのことである。

そう言うのは、自動車の一台の部品数は三万を超える。これらの部品の３Ｄデータ、制御データのフォーマットや取り付けのＩ／Ｆ、その機密保証などとなるデータ連携のための標準化、シミュレーションモデルのＩ／Ｆ、それらを管理する技術、知財権契約ルールなどが正確に機能しないと、モノづくりのプラットフォームビジネスは成立しない。次章以降にそれらの社会システム基盤を説明する。

COLUMN

驚愕の最新無料CAD

本章でMILsを紹介するため、長尺物の変形による制御遅れをCAE解析で割り出すための絵が欲しかった（図4・5）。著作権も含めて、本著に掲載可能な資料が必要であったため、機械学会のCAE講習会などでお世話になっている友人に掲載可能な資料の提供をお願いした。彼は、CAEの解析結果を探すより、モデルを作成して計算した方が早いということで、解析モデル作成、解析を行った。

この解析に使ったCADとCAEのことで、突然、電話がかかって来た。講演や講習会の講師などで忙しい彼は、このところ、実際の解析をしていなかったようだが、久しぶりにネット上の無料で活用できるCADを試しに用いて行ったとのこと。その無料CADの機能が信じられないほど発達していることに驚いた、というのがその電話の理由であった。

この無料CADは、CAE、CAMの機能を包含しており、CAEではFEM解析はもちろんCAD上でCADモデルの機構解析を行うことも可能なのである。昔、竹でできたヘビのおもちゃがあったが、あの動きをCAD上で見ることができるのである。機構、強度、モノづくりなどを設計段階で検討できるこの最先端の設計環境は設計力強化に必須であるだけでなく、それが無償で提供されているのである。世界中の設計者の設計力強化がタダで進んでいることになる。

この無料のCAD活用での計算解析用コンピュータについては個人PCだけでなく、大きなボリュームのCAE解析計算には、回数の制限はあるもののクラウドサーバの無償利用も可能なのである。その機能と使い易さは十年程前では数千万円のライセンス費を払わなければならないレベルと言っても過言ではない内容である。

七年程前、筆者は「低コストCAE活用による設計検討手法の紹介」という機械学会での講習会を開催した。当時はCAEのライセンス費が高いのが当たり前という固定観念が強いことから、CAEの一つの機能ソフトライセンス費が一千万円を超えても、それが不思議と思わない雰囲気があった。そこで、二千万円を超えるライセンス費のCAEツールと同等の機能が二十万円前後で手に入るという事実の紹介も目的の一つとして、二〇一三年に前述の講習会を開いたのである（https://www.jsme.or.jp/dsd/Newsletter/no39_extra_issue/13-126_report.pdf）。

それから七年経たずして、CAE機能とCAM機能はCADの中に当たり前のように入っており、そのライセンス費は非商用目的で使用する個人は無償で使うことができる。日本ではCAD／CAM／CAE活用は未だオンプレミス中心が一般的であるが、クラウド時代となり、どうやらCAD／CAM／CAEと解析環境も含めた価格破壊が既に起こっていると思われる。

試しに、「360　CAD　無料」とネット検索するとそのCADの紹介HPが現れる。最新CAD／CAM／CAEを実際に体験することができ、世界の3D設計展開の状況が容易に感じ取れる。

資料の提供と最新無料CADの状況を伝えて頂いた栗崎彰氏に感謝致します。

第五章

壮大なスリアワセが初期設計段階で完了

前章までに、3D図面の持つパフォーマンスと制御機構も含めて製品の機能を、実際の製品をバーチャルなモジュールモデルで表現できることを説明した。これらのモジュールモデルを連携した開発・モノづくりがバーチャルエンジニアリングである。

モノづくりのプラットフォームビジネスが成立するためには、デジタル情報で各企業間協業の開発を行うための社会環境が必要となる。この環境であるバーチャルエンジニアリングがどのような経緯で展開が進んだのかを、筆者なりに考察したプラットフォームビジネスのイメージが浮かぶ一助として、敢えて、この章で簡単に説明したい。

五・一　リアルエンジニアリング

リアルエンジニアリングの実態

ほんの最近まで行われていた話である。例えば、日本の自動車開発の現場や工業製品開発の現場で見られた姿がある。これは、設計と解析と量産現場のエンジニアの協業活動であり、非常に日本的な対応の方法である。既に過去のやり方として、風化し始めていると言われる方もおられるが、世界が日本のこのやり方を研究したことは事実なので、記述しておきたい。

いろいろな工業製品はサイズが異なったり、全世界の各地域別の規制や要望に合わせた仕向け地別の仕様があるが、ほぼ同じような機能を持ったモジュールや部品が存在する。そのような製品の開発力と機能と品質に絶大なる力を発揮したのは、日本のこの手法だ。それは、よく聞く「スリアワセ」である。これは設計者、テスト分野、造り部門の技術者の協業で製品の詳細仕様を決めてきた方法であり、それを振り返ってみる。

このやり方は、ある程度、ラフな仕様を設計が決め、詳細仕様を早く検討するために現物を作成するための試作図を出図する。この試作図は、仕様検討用の対策案別にいくつかの形状を作成する。これらの試作図でできた試作物を用い、解析エンジニア達がテストで仕様検討しながら、部品の詳細部分を決める。この試作物を用い、量産に適した形状を量産現場の技術者と検討する。この時、設計者と解析者、量産現場技術者が集まり、一種のスリアワセによる仕様決定が行われる。その後、設計者は最終の形状を、量産する図面として残すことになる。これで、良い量産品を良い使い勝手で設計されたことになる。

このようにしてできたものが、機能を検討され、品質の高い、日本のモノづくりとして評価されたのではないかと思われる。いろいろな分野の技術者の知恵が入り、日本独特の〝スリアワセた〟モノづくりが日常的に行われていたことになる。非常に素晴らしい、世界に誇る日本のモノづくりシステムとして知られていたことだろう。このやり方では、各現場の技術者の技術レベルと思考レベルが共通化されないと、トータルバランスの整った製品はできないことになる。世界がこのやり方を導入しようとしても、各現場の人の技術レベル合わせをした共通化はなかなか実現が難しい。日本の教育システムがもたらす独特の体制があったから可能であり、そのため日本の独断場であったと思われる。

正直、この現場に、筆者が入っていたら、自慢したと思う。また、この姿を見るマスコミや、大学の教育関係者も日本の現場力の凄さとして紹介したことは容易に分かる気がする。ただし、現在でも、その状態に期待を込めて、「日本のモノづくり」と称しているように感じる。

このやり方をイメージ（**図5・1**）してみると、設計者、解析エンジニア、製造エンジニアがスリアワセを行いながら、製品の仕様熟成する姿を想像することができる。その仕様熟成のスリアワセ結果は量産最終図として出図される。このため、最初の図面は検討用部品作成のための試作図である。その図面は「詳細は後で決める」と割り切ったラフな仕様であり、それが例え、あやふやな仕様であったとしても、そのままモノが造られる。このモノを解析エンジニアはテスト解析し、課題と機能を満たす仕様と形状の提案を行う。この提案はレポートであったり、口頭であったりするが、形状は直接、紙の2D図に書き込み、設計とのスリアワセを加速する。

機能仕様を満たす詳細な図面が設計者と解析エンジニア間でほぼ決まりかけた頃から、製造エンジニアとのスリアワセが始まる。製造時の課題、造り要件などを機能、重量、コストなども含めた製品成立のため、時として、コスト担当者も参加したスリアワセが行われた。これは、モノづくりの結果

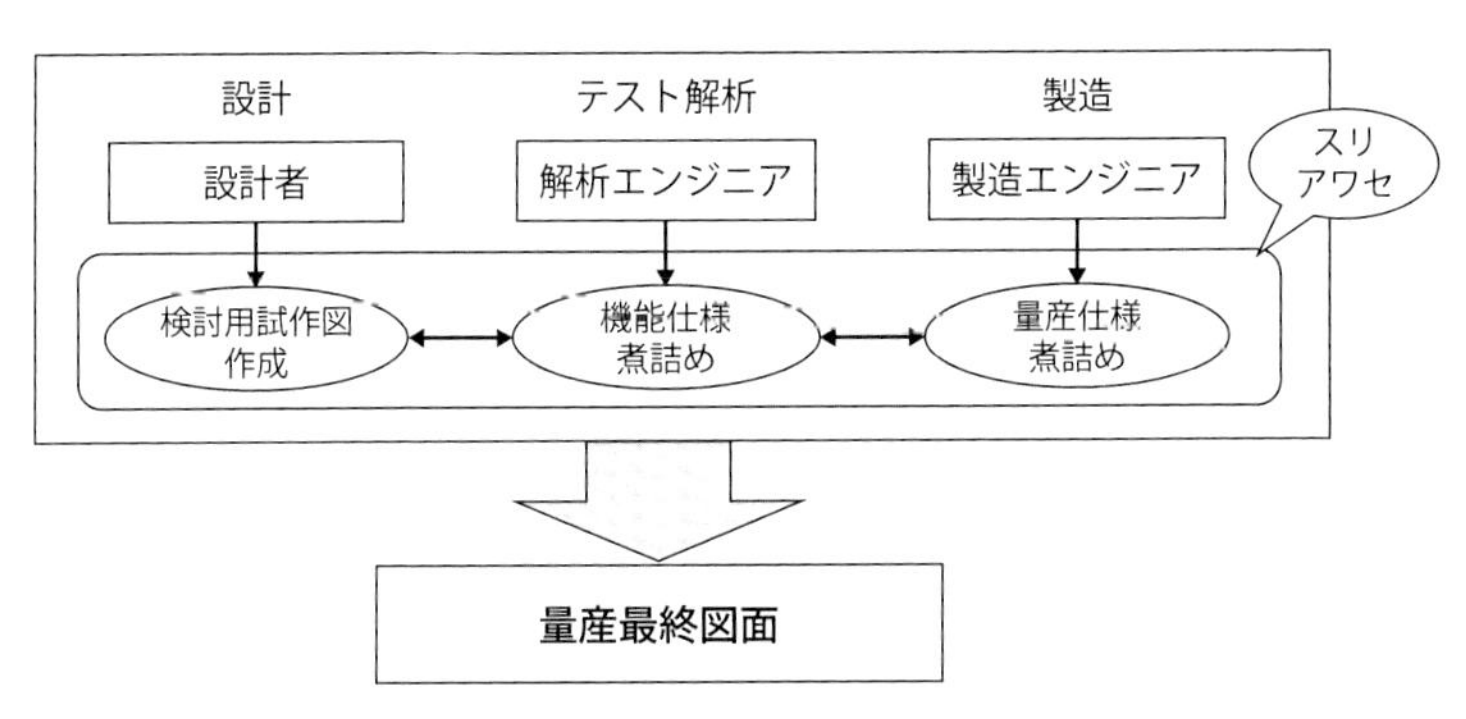

図5・1　日本モノづくり現場スリアワセ

として、最強の結果をもたらしたと思われ、また世界のモノづくりの中でもそのように言われたことだろう。このシステムを各国のモノづくり現場が垂涎の的としていたことも分かる。

欧州、北米の各国がこのシステムを研究したレポートが存在する。日本も含めたどこの国も、設計はエンジニアが対応する。日本と各国との最大の違いは作業が伴うテストと製造現場での対応である。日本はエンジニアであるが、欧州や北米などは技術を持たないワーカーが中心である。このため、テストや製造の各現場からの提案が少なく、2D図面を用いて設計とのコミュニケーションは行わない。正確に言うと、「行わない」のではなく、「行うことができない」のである。2D図の高等教育を受けた人達だけが2D図を自由に読み、形状の課題を図面に反映できるエンジニアだけがこのシステムを有効に活用できる。そのため、日本以外での対応は難しかったと思われる。

義務教育の中に製図があった

余談であるが、日本の中学の義務教育を振り返って見ると面白いことが分かる。一九七六（昭和五十一）年までは日本の義務教育である中学の技術家庭（男子）の授業科目に製図が入っているのである。これは現在（二〇二〇年）、五十五歳以上の日本の男性は全員、2Dを用いた製図を習っていることになる。

図5・2を見て欲しい。これは中学校技術・家庭科の内容の変遷である。これによると一九七七（昭和五十二）年、文部省（現文部科学省）の告示で製図の授業科目が消えるまで、日本では、男性は中学の義務教育で製図を教えられていたのである。中学を卒業し、さまざまな職業に就いたとしても、形状を図面で表現することが、意外と簡単に行われていたことと思う。江戸時代の日本は識字率が高いと言われているが、この図5・2で告示を受けた時代は識図面率（とでも言うのだろうか）も同様に高かったと言えるのかもしれない。

日本の高度成長期はもちろんのこと、それ以後も、どこでも誰でも、2Dを用いた図面が生活の中にあったのかもしれない。そんな国は、世界にあるのだろうか。そのような社会環境から2D図面を用いた日本のスリアワセは競争力を誇っていたと筆者は思う。こうした背景から、2D図面、どちらかと言うと自由に書き込むことが可能な紙の2D図が必須のツールであったと思われる。

中学校技術・家庭科の内容の変遷

資料9－3

（標準時間数）

昭和33年告示

	学年					時間数
男子	1年	(1)設計・製図	(2)木材加工・金属加工		(3) 栽培	105
男子	2年	(1)設計・製図	(2)木材加工・金属加工		(3) 機械	105
男子	3年	(1) 機械	(2) 電気		(3) 総合実習	105
女子	1年	(1) 調理	(2) 被服製作	(3) 設計・製図	(4) 家庭機械・家庭工作	105
女子	2年	(1) 調理	(2) 被服製作	(3) 家庭機械・家庭工作		105
女子	3年	(1) 調理	(2) 被服製作	(3) 保育	(4) 家庭機械・家庭工作	105

昭和44年告示

	学年					時間数
男子	1年	A 製図	B 木材加工	C 金属加工		105
男子	2年	A 木材加工	B 金属加工	C 機械	D 電気	105
男子	3年	A 機械	B 電気	C 栽培		105
女子	1年	A 被服	B 食物	C 住居		105
女子	2年	A 被服	B 食物	C 家庭機械		105
女子	3年	A 被服	B 食物	C 保育	D家庭電気	105

昭和52年告示

	学年			時間数
男子	1年	A～Iの17領域から7領域以上を履修		70
男子	2年	A～Eの領域から5領域以上 A 木材加工1　A 木材加工2　B 金属加工1　B 金属加工2 C 機械1　C 機械2　D 電気1　D 電気2 E 栽培	1領域以上選択 F 被服 ～ I 保育	70
男子	3年			105
女子	1年	A～Iの17領域から7領域以上を履修		70
女子	2年	F～Iの領域から5領域以上 F 被服1　F 被服2　F 被服3 G 食物1　G 食物2　G 食物3 H 住居　I 保育	1領域以上選択 A 木材加工 ～ E 栽培	70
女子	3年			105

平成元年告示

学年	（必修）	（選択）3領域以上		（必修）	時間数
1年	A 木材加工 B 電気	C 金属加工 D 機械 E 栽培 F 情報基礎	I 被服 J 住居 K 保育	G 家庭生活 H 食物	70
2年					70
3年					70 ～ 105

平成10年告示

学年	[技術分野]		[家庭分野]		時間数
1年	A 技術とものづくり	B 情報とコンピュータ	A 生活の自立と衣食住	B 家族と家庭生活	70
2年					70
3年					35

平成20年告示

学年	[技術分野]				[家庭分野]				時間数
1年	A 材料と加工に関する技術	B エネルギー変換に関する技術	C 生物育成に関する技術	D 情報に関する技術	A 家族・家庭と子どもの成長	B 食生活と自立	C 衣生活・住生活と自立	D 身近な消費生活と環境	70
2年									70
3年									35

文部科学省ホームページより

図5・2　中学校技術・家庭科の内容の変遷

世界中の複数の工場で製造される場合、各製造現場でも同様の対応を行った。ただし、最初の製造工場を「マザー工場」と呼び、マザー工場での製造に関する対応内容が各製造工場で活用されたのである。設計、解析、製造、購買担当者などの協業設計が最終量産図面を作成することになる。これが、日本のリアルエンジニアリングにおけるスリアワセだったのではないだろうか。

図面の話での余談となるが、現在五十五歳より若い方は義務教育の中で製図を経験していない。筆者のような属人では想像できない化学、理学、医学、平和、文学などにおいてノーベル賞を受賞された五十五歳を越える方々も製図を経験されているのである。数学科出身のＩＴエンジニアも五十五歳以上の方は製図を経験しており、ＩＴ技術とモノづくりの図面との関係を何となく理解していた。また、例えば不動産関連の営業担当者が、顧客の要望に合わせて、定規で簡単に部屋の見取り図などを書いたりする。この図はマンガのように描かれているが、立派な図面である。この営業担当者は決して理科系ではない。商業高校や文系の大学を出た方であってもこのようなことが可能なのである。

世界の一般営業マンでこれができる人はほとんどいないと思われる。このような対応は、製図の義務教育を受けていない五十五歳未満の日本人は行わなくなっているのではないか。筆者も公立中学の技術・家庭科の時間、T定規を用い、椅子の設計を行った。その図面を基に木製の椅子を制作した経験がある。このようなことが、現在に影響を与えている可能性があると思うのは筆者だけであろうか。

リアルエンジニアリングの課題

つい最近まで行われていたスリアワセを駆使した日本のリアルエンジニアリングのやり方について、高度成長期の時代から欧米が教育機関も含めて調査していたことは事実である。例えば、一九八〇年代後半にアメリカ・ハーバード大学の研究者たちによって日米欧の自動車メーカの製品開発力が調査されている。当時の日本の自動車メーカの製品開発力は欧米の自動車メーカよりはるかに高く、日本の製品開発システムの製品開発工数は欧米に対し、六〇%以下であったと言われている。前述のモノづくり現場でのスリアワセを考えると製品開発工数が少なかった理由を想像することは容易だ。日本の製品開発工数を知り、その製品開発システムの重要性に気付いた日米の自動車メーカは製品開発システムの新たなシステム構築の競争を繰り広げたのである。

この当時、アメリカ市場での販売競争には、欧州の自動車会社の参加が少なかったことから、自動車技術競争は日米の自動車会社が表向き主役であった。とは言え、後塵を拝しているように見えた欧州の自動車メーカ勢が当然のように展開を進めていたことが、二〇〇五年頃から、表に現れてきた内容で分かった。日米欧がそれぞれ進めていたのは3Dモデルで自動車一台を表現するバーチャルエンジニアリング環境の構築とその普及推進であったと言える。筆者が今になって考えると、欧米の自動車メーカと日本の自動車メーカの3Dモデルを用いた開発の将来像に違いがあったと解釈している。

当時の動きや現在の状況から推察すると、欧米の自動車メーカの将来像には、日本のリアルエンジニアリングのスリアワセ開発をバーチャルで実現しようと考えていたように思える。

日本も考えてはいたのだろうが、折角持っている素晴らしいリアルエンジニアリングのスリアワセにバーチャルで対応するほどの強い必要性が感じられなかったのではないかと思う。日本では、モノづくりの金型製作などには3Dモデルの優位性を理解し、大いに活用してきたが、他の領域と連携したモノづくりや開発・製造・購買・営業・サービスなどとの連携への展開には大きな変革が伴うことから、敢えて、積極的には行わなかったように思える。前述した、設計、解析、製造のエンジニアが行うリアルなモノを用いたスリアワセによるモノづくりを超えるだけの新たなシステム構築への投資は難しく、日本の対応が遅れることはある意味当然のことだったかも知れない。

それを示すデータが存在する。**図5・3**を見ると、日本の自動車メーカと日本のサプライヤ間を行き来しているデータの内、半分は未だに2D図中心なのである。また、二〇二〇年五月末に経済産業省が発行した『2020年版ものづくり白書』の中に、日本の最近の3D設計と活用状況を調査した結果が掲載されている。これによると、日本の製造業における3Dだけでの設計の割合は二〇%以下であった（**図5・4**）。特にスリアワセに絡む協力企業への設計指示の方法で3Dを用いているのは十六%以下という状況である（**図5・5**）。3D化と3Dによる協業への展開が非常に遅れており、八十%以上が相変わらず2D中心で対応していることが分かる。

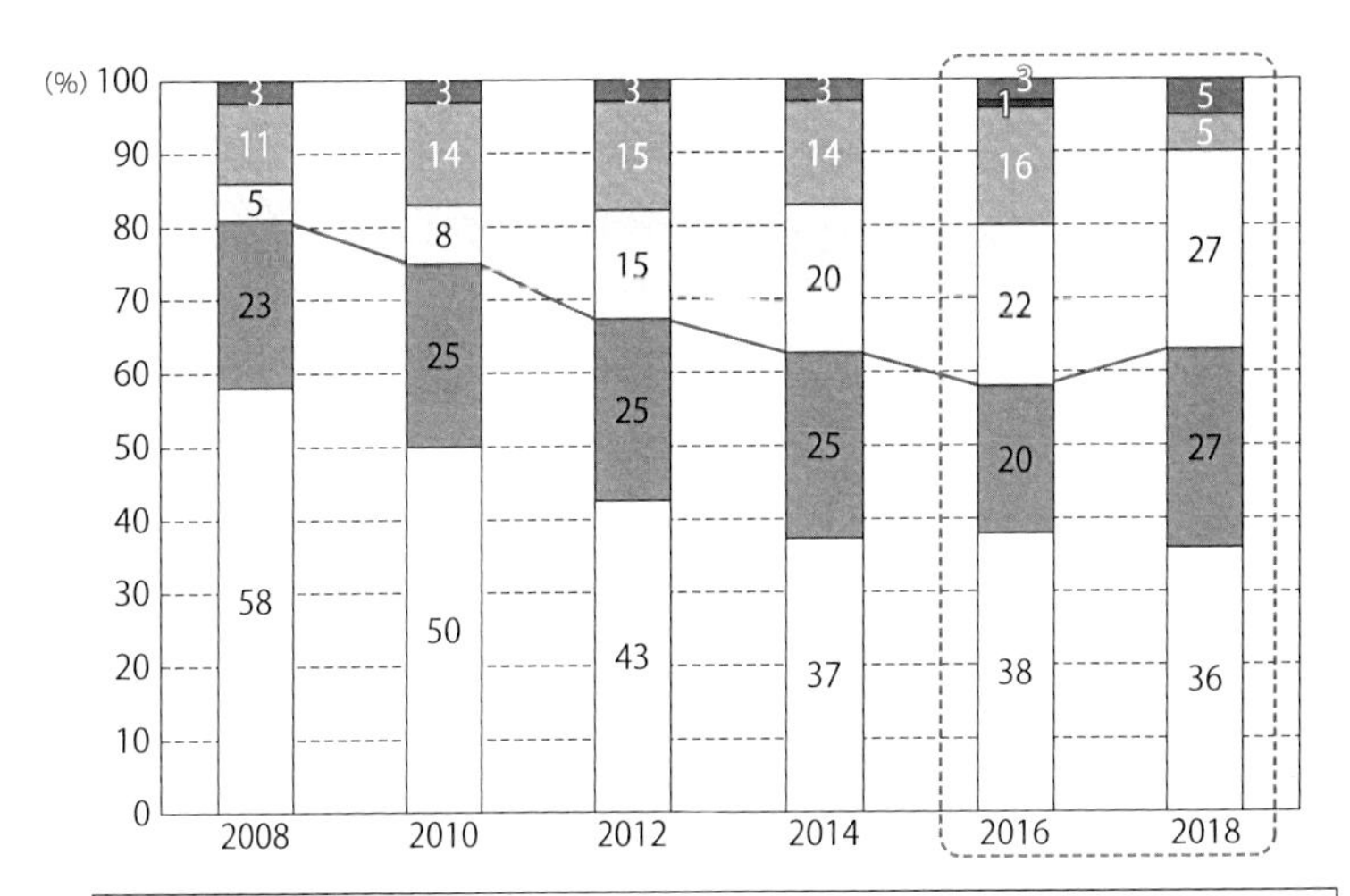

資料：一般社団法人 日本自動車工業会（JAMA）「2018 年度 3D 図面普及調査レポート（JAMA 各社の状況）」（2019 年 3 月）より経済産業省作成

経済産業省「2020 年版ものづくり白書」P92 より

図5・3　日本の自動車メーカーと日本国内サプライヤとのやり取りデータの種類

これに対し、北米と欧州は二〇世紀中に3D図に移行を進め、二十一世紀初頭には3D図移行が完了した。また、2D図教育の少なかったアジアの各国では3D図から普及し、日本の3D図の活用よりもはるか先を進んでいる。従来、モノづくりをリーディングしてきた我が国は、設計図の3D化がまだ終了してないのである。

3D図面が機能と品質をコントロールすることが可能となったことから、どこで製造しても誰が製造しても図面で規定された品質と機能を持つ量産品が手に入るようになった。2D図面では、品質、形状のコントロールが難しく、造り現場の優秀な日本での品質が

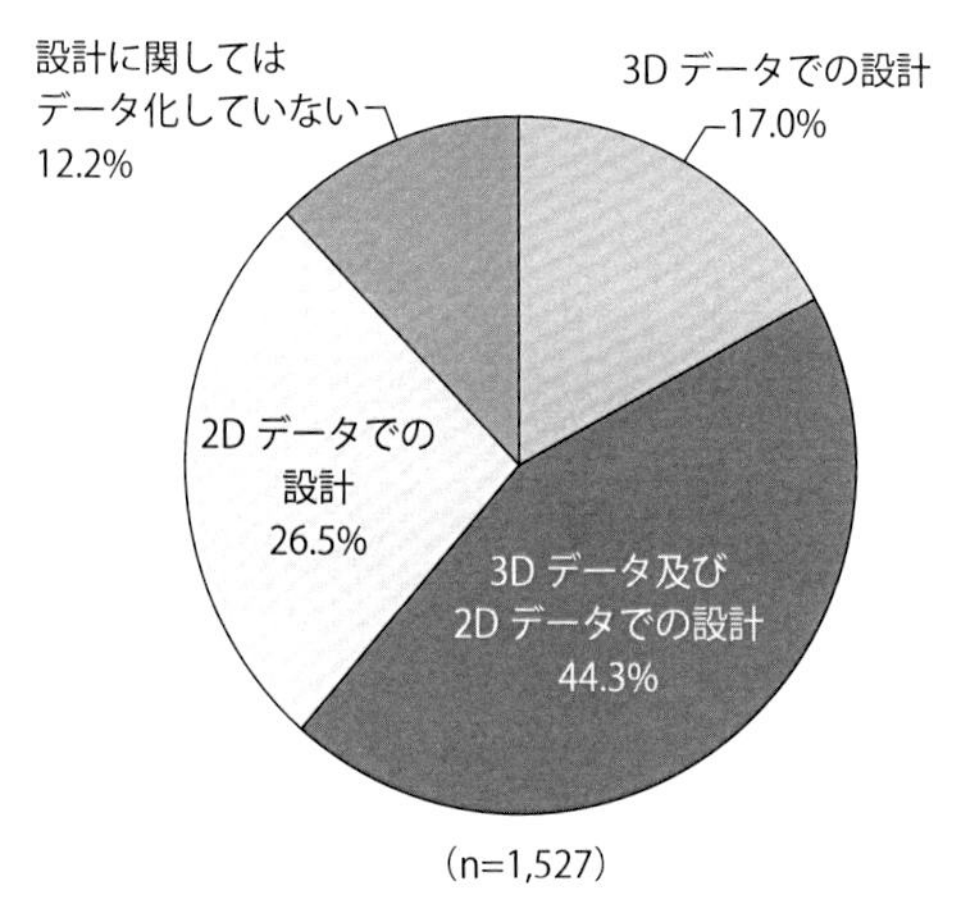

資料：三菱 UFJ リサーチ＆コンサルティング(株)「我が国ものづくり産業の課題と対応の方向性に関する調査」(2019 年 12 月)

経済産業省「2020 年版ものづくり白書」P92 より

図5・4　日本の製造業における3DCADの普及率（設計方法）

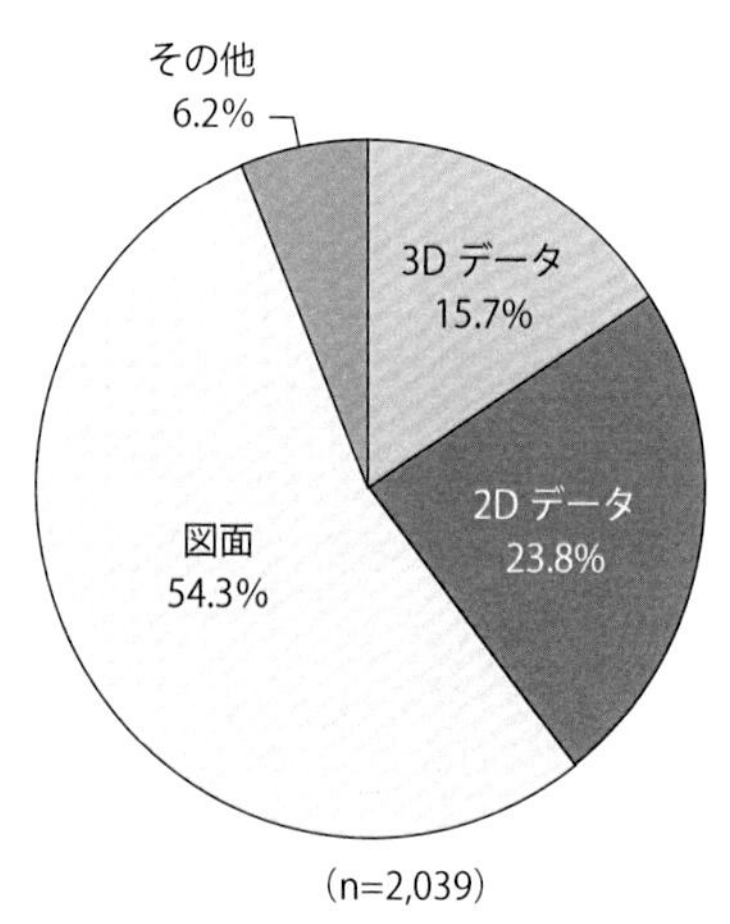

資料：三菱 UFJ リサーチ＆コンサルティング(株)「我が国ものづくり産業の課題と対応の方向性に関する調査」(2019 年 12 月)

経済産業省「2020 年版ものづくり白書」P92 より

図5・5　日本の製造業の協力企業への設計指示の方法

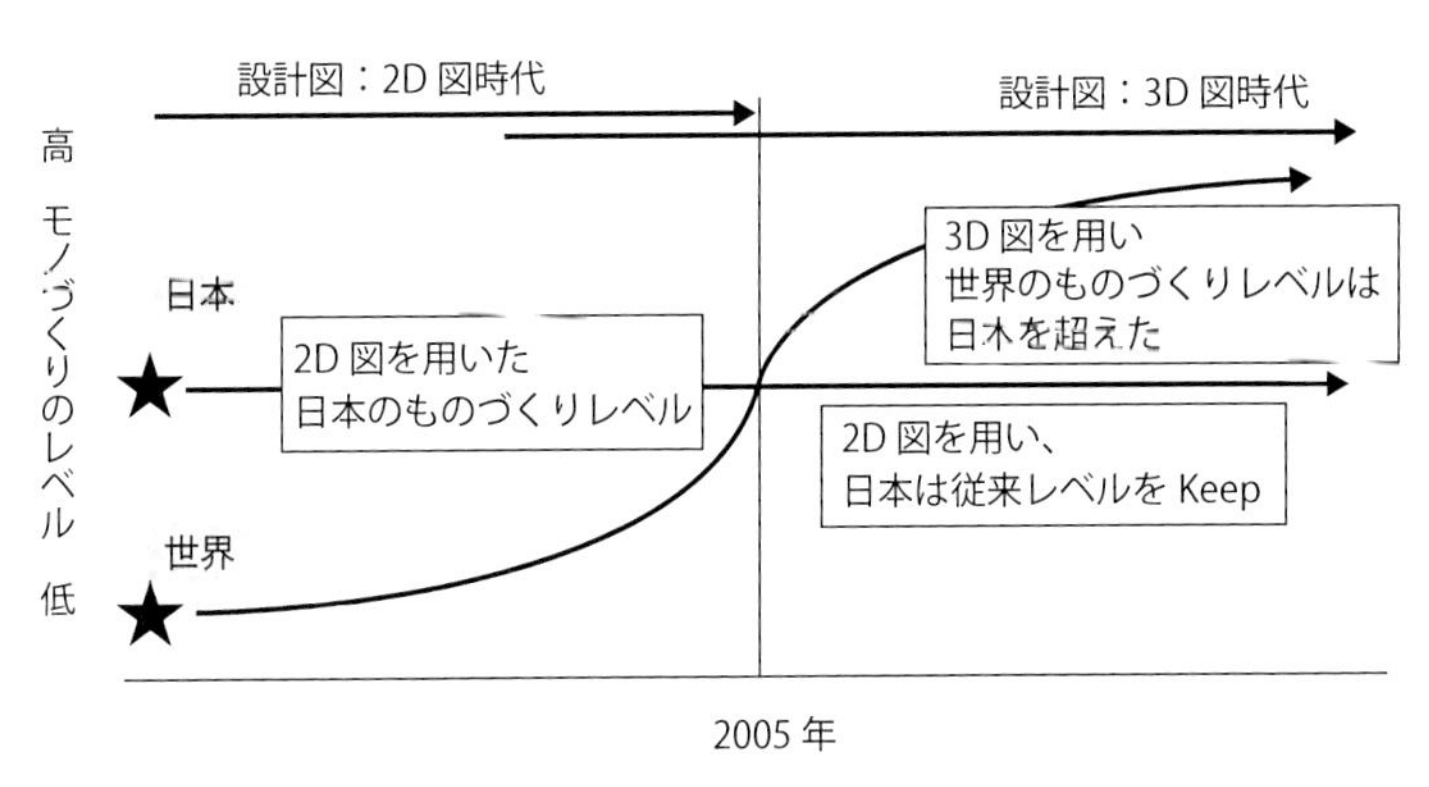

図5・6　設計図の3D化時代のモノづくり品質レベルの比較（イメージ図）

世界のモノづくりの目標であった。2D図に固執する日本はその優位性を失ったことになる。

設計図の3D図化に向かう世界と、2D図をキープする日本のモノづくりの品質レベルをイメージ化したのが**図5・6**である。二〇〇五年頃、世界では設計図の3D化がほとんど普及しており、その頃から、日本の競争力が低下してきたと思われる。

五・二　バーチャルエンジニアリング

バーチャルエンジニアリングの登場

3D設計環境が一通り整い、技術領域が全て連携とはいかないまでも、一般的に使われているCAD／CAM／CAEの一体化されたデジタル環境を用いた開発・モノづく

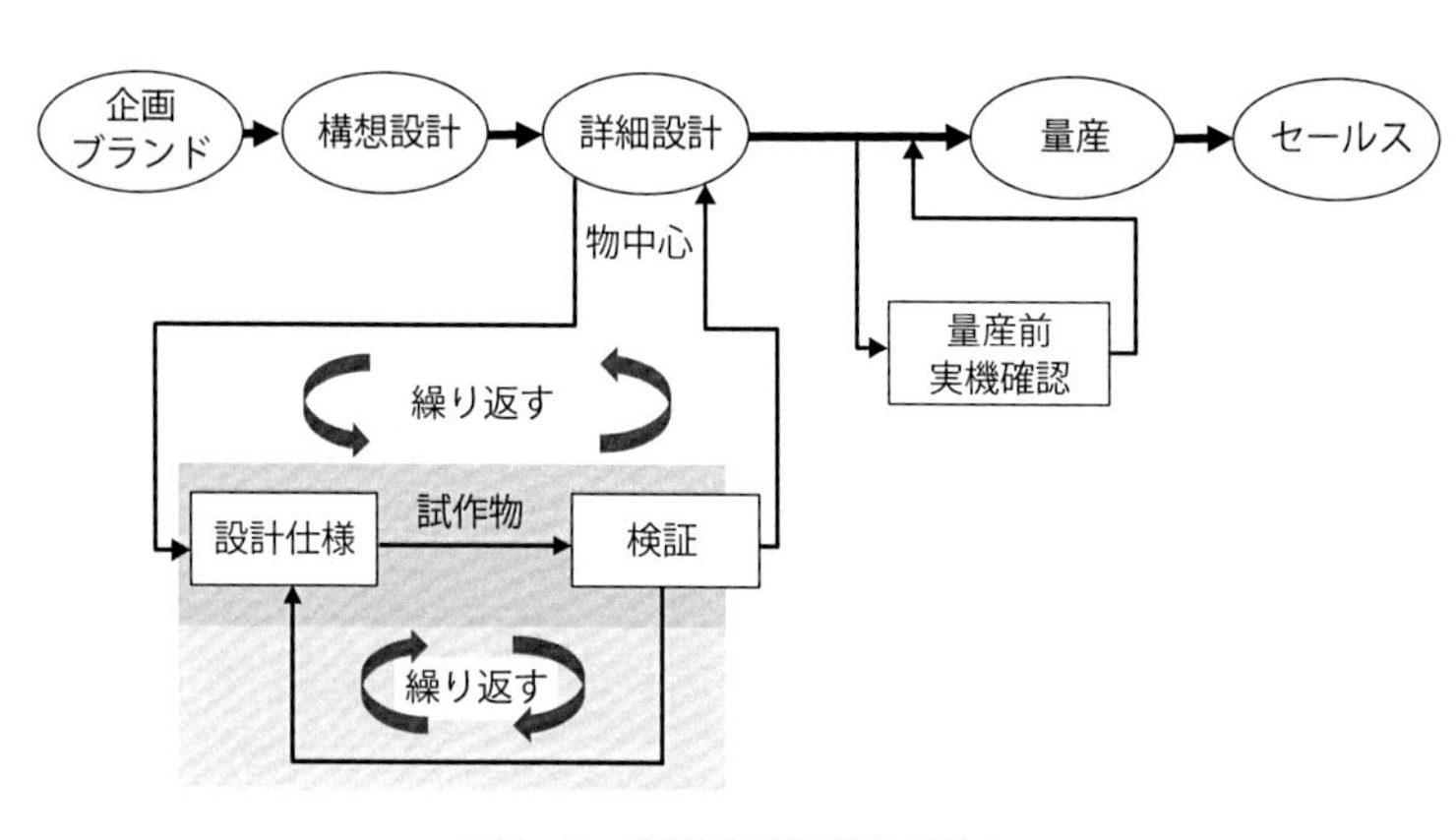

図5・7　従来の製品開発の流れ

りの検討が可能となったのがちょうど二十一世紀のはじまりである二〇〇一年なのである。自動車開発における大きな変化は、それから十年後に起こった。3Dモデルと製造・開発・営業のデジタル情報を組み合わせたバーチャル環境で開発、モノづくり、マーケット検討、サービス展開などを検討する新しいモノづくりが普及し始めたのだ。従来の製品開発・モノづくりは**図5・7**で示すように、企画／ブランド段階、構想設計段階、詳細設計段階を経て、量産検討、セールス展開検討の流れが存在していた。

各段階では、それぞれの技術者、専門家によってその段階ごとに製品の仕様が熟成され、最終的に仕様が決まり、量産され、各顧客の手元に製品が届けられた。企画／ブランド、構想設計の初期検討・設計段階では営業、経営、企画、製品開発各専門分野のリーダーなどを中心に、製品のコンセプト、基本機能仕様の目標などを決める。この初期段階では参加者各自の持ち寄ったコンセプト、目標などを整合することが中心であり、会議室での打ち合わせが主な対応となる。その後、具体的な形状、機能設計を行う詳細設計へ移る。この詳細設計段階で製品の詳細な部品仕様と機能が決まり、設計図面としての量産化対応を行う。

詳細設計段階では、設計された部品の試作物などを用いた検証を繰り返す。ここは、前述したスリアワセである。現在ではＣＡＥ技術を用い、モノ中心の検証数を減らす効果をもたらしているが、部品レベルでの繰り返し、組み上がった製品レベルでの解析などを行うことで仕様の検証と保証を成立させる。この仕様決定には量産化に移るための製造要件の検証も含まれる。このため、大きな工数と期間が必要となるが、この詳細設計段階が完遂しないと製品の設計・製造はできない。この段階では長い期間、日本の独断場であったモノを中心としたスリアワセが効果を挙げたのである。それが日本の強みであったのだ。

この開発の流れが大きく変革しつつある。この開発のやり方は、製品のコンセプト、基本機能仕様の目標などを決めていた設計初期の企画／ブランド、構想設計段階で

・設計の全仕様
・製造の全要件

の検証をバーチャルで正確に実施され、詳細設計、量産検証の段階の前に全仕様と全要件が決まるのである（**図5・8**）。この初期設計段階は企画内容や、コンセプトなどを決める段階であるため、従

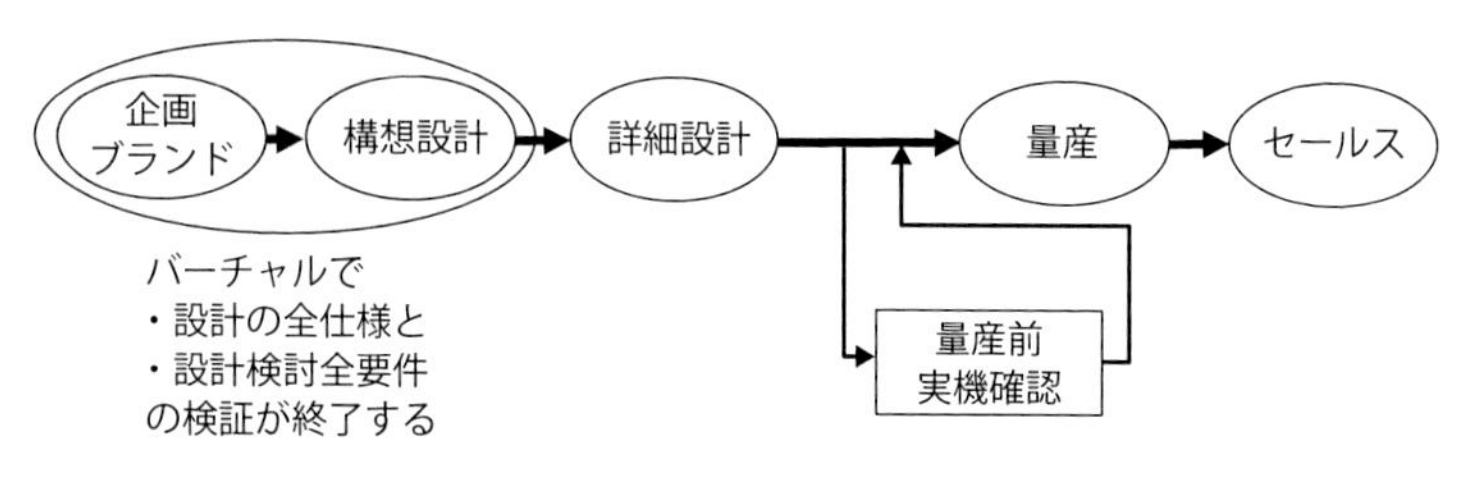

図5・8　バーチャルエンジニアリングの製品開発

来は会議室で行われていた。その段階で、全てが決まるのである。

この技術と環境が二〇一〇年以降、欧州中心に始まり、現在、北米、中国へと拡がっている。この後もアジア各国へ拡がる様子を見せており、日本が〝置いてけぼり〟になりかけているようなものである。

これがバーチャルエンジニアリングである。バーチャルは「仮想現実」と訳されることが多いが、本来の意味は「事実上の、実質上の、実際（上）の」である。そういうことから、「バーチャルエンジニアリング」は「実質上のエンジニアリング」を意味する。それが始まったのである。

バーチャルエンジニアリングを用いた初期段階では「企画」「モノづくり（製造）」「営業」「認証（車種）」といった前後の工程に関する検証もこれに加わる。モデリング⇕CAE⇕デザインレビュー（設計審査）の相互のループを回し仕様の精度を高めていくバーチャルエンジニアリングという手法は複雑となった現代の自動車開発には不可欠となる。従来の開発でもCAEを用いた検証は一部行われていたものの、多くの検証は量産前の詳細設計の段階で実施する実物（試作品）を使った試験に頼っていた。検証の結果、目的の機能を満たす仕様が得られない時は、その都度、試作品を作り直していた。つまりモノ中心で繰り返し機能熟成を行ってきたのだ。

バーチャル〝スリアワセ〟

もう既に読者の方は気が付いたと思われるが、従来のスリアワセに使っていたリアルのモノの代わりに3Ｄモデルを用いた〝スリアワセ〟を行うことが始まったのである。試作物の完成を待たず、形を3Ｄモデルで表現したところで部品、モジュールなどの機能仕様と量産性の検討を行うことができるのである。

スリアワセの内容はリアルと全く同じである。違いは、初期の設計段階からどのような機能にするかの検討が始まったと同時に、製造検討も行い、量産の成立性をも初期の設計段階で判断できることである。そこには難しい理論はなく、ただリアルなモノの代わりに3Ｄモデルを用いることである。形状の変更も3Ｄモデルで変更する。その変更した形状で、例えば強度検討はテストではなくＣＡＥで解析すれば良いのである。量産製造の課題も製造の専門技術者が参加し、3Ｄモデルを用いて検討すれば良いのである。高度な技術を持ち、量産性を検討できる技術者を実際の工場の現場に配置しなくても良いということだ。初期の設計段階で検討を生業とした企画、解析、設計、量産、購買、営業、メンテナンスなどの専門の技術者が参加さえすれば、技術スリアワセが可能となるのである。それが、バーチャルエンジニアリング環境である。

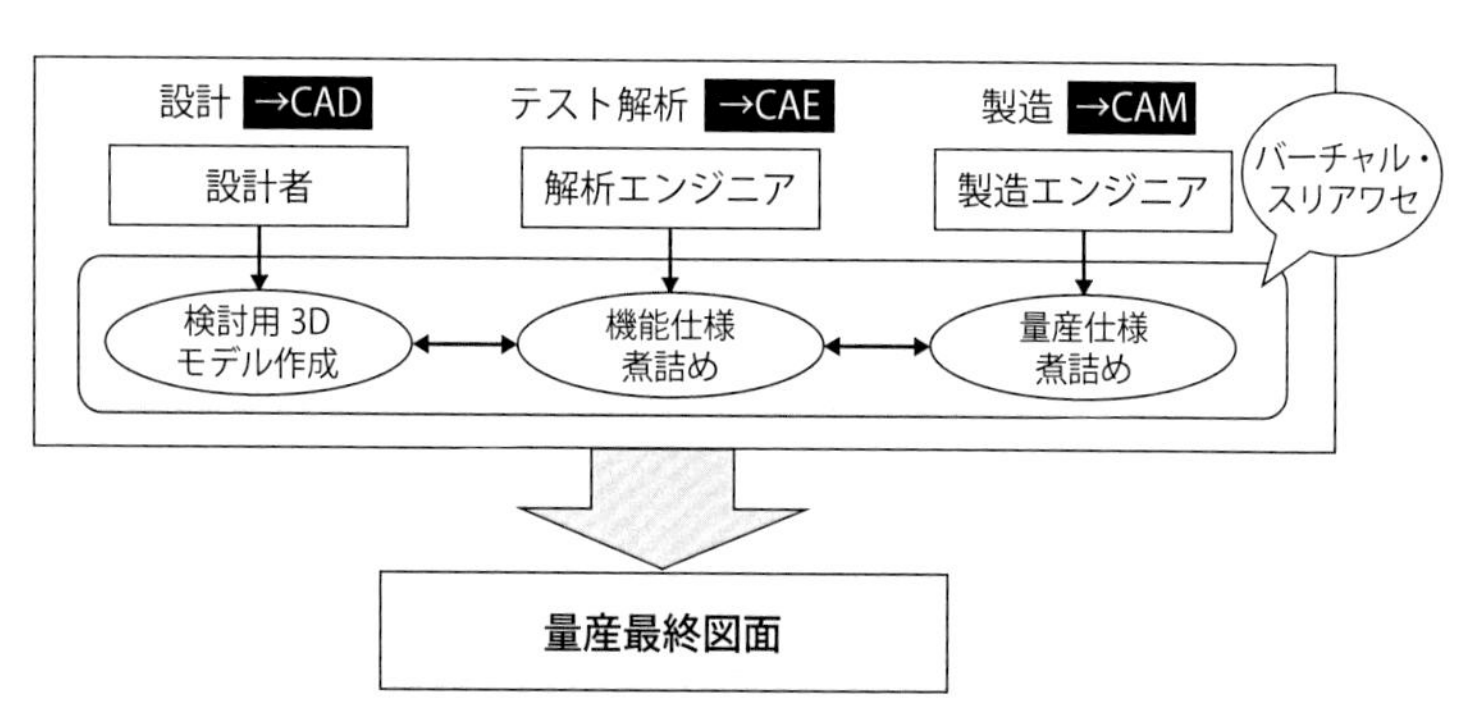

図5・9　バーチャルエンジニアリング環境でのバーチャルスリアワセ

図5・9のように設計にはCAD、テスト解析にはCAE、製造にはCAMがそれぞれの分野で独立して活用されていたのが、二〇〇一年に連携された。バーチャルなスリアワセのできる環境が生まれたことになる。

それから十年経った二〇一〇年、企画、解析、設計、量産、購買、営業、メンテナンスなどの各分野の技術者がバーチャルで参加できるバーチャルエンジニアリング環境が一般に普及し始めた。

造りも解析もエンジニア参加のスリアワセ

従来、日本のリアルスリアワセには、造りの分野も、解析の分野でも現場にいる優秀なエンジニアが参加した。現場に優秀なエンジニアが少ない欧州では、スリアワセが成立しなかったと思われる。それがバーチャル環境となり、造り、解析分野の実際の現場には存在しないが、それぞれの技術分野の優秀な専門エンジニアの参加が可能となった。モノづくりの製造技術の専門家は、必ずしも造り現場でモノづくりの現場作業を経験していないこともある。そのような専門家が参加し議論を行うのである。

以前であれば試作車（実車）を用いた仕様の検討と検証が不可欠であったが、バーチャルエンジニアリング環境では、現物の自動車を使った検証・検討は、量産前の最終的な〝確認〟としてのみに実施される。検証・検討はバーチャルモデルを用いて初期段階で既に終了しているからだ。バーチャルエンジニアリングによる開発は、日本の独断場であったリアルなスリアワセのシステムを、バーチャルエンジニアリング環境の中で日本のスリアワセ以上のスリアワセ機能を持つシステムをもたらした。日本以上のスリアワセを手に入れた理由として、参加者の範囲が従来に比べて広大な分野となったことである。その分野は企画、解析、設計、量産、購買、営業、メンテナンスなどと拡がっているのである。

こうしたバーチャルエンジニアリング環境ではスリアワセだけでなく、ブランディングを検討するような早期の段階で設計仕様が決まり、最終3D図面が出来上がる。その内容が設計仕様熟成スリアワセだけでなく、従来存在しなかった機能や、形状を凌駕するような創造性検討まで含め、大きくレベルアップしている最中である。このやり方が進む中で、バーチャルスリアワセを中心として設計を請け負う新たなビジネスモデルが生まれてきているのである。

こうしたビジネスの中で行き来するデータを正確に連携する技術が必須となる。このことについては、次章以降で説明していく。

COLUMN

2020ものづくり白書に記された、窮地に追い込まれた日本のモノづくり

五月末、経済産業省が『2020年版ものづくり白書』を発行した。その中にバーチャルエンジニアリングの項（91頁）があり、「我が国の製造業では3Dによる設計が未だに普及しておらず、バーチャル・エンジニアリングの体制が整っていない。不確実性が高まり、製造業のダイナミック・ケイパビリティの重要性が増している中で、このバーチャル・エンジニアリング環境の遅れは、我が国製造業のアキレス腱となりかねないと言っても過言ではない。」と結ばれている。

二〇〇五年、世界が3D設計対応を完成したことを考えると、現在の日本はこの分野の最先端技術から十五年以上遅れていることになる。

三年から四年前、ある国立大学の先生と話していた時、その学校の設計製図の講座が2Dで行っていたのが判ったので、3Dにしないと世の中に通用しませんよと私が言ったところ、「2Dで教えている先生の職を奪うことになるから、そのような提案はできないし、学長もで

きないと思う」と言われた。

ものづくり白書では、ハッキリと「我が国製造業のアキレス腱となりかねない」と言い切っているので2D図と現場の技能で進んできた我が国のモノづくりの社会システムを教育へも踏み込むことも含め、根底から見直さざるを得ないところまで、追い詰められていることを公言したと思う。国の本気を信じたい。

ただし、この課題は一つの省庁がリーディングして解決するような内容ではなく、今までの欧州の動きを見ると、EU議会のシナリオを三十年以上継続しながら、商法、教育、契約、規格、ルール、技術、ビジネスモデルなどの社会システムを改革してきた。しかし、これらの情報は日本に入って来ていたものの注目していなかった。その理由の一つは、日本が今でも世界一のモノづくり大国と思い込んでいることもあると思われる。この辺を謙虚に理解した上での、全体のシナリオ作成が必要なのかと思う。

ドッグイヤー、ラットイヤーと言われる程、早い展開で進んでいるこの分野でのCatch Upは相当な覚悟を伴う展開が必要となり、どのような推進となるか。日本全体の大命題となるのかも知れない。

第六章

モデルを連携するインターフェースの標準化

前章までに、３Ｄ図面の持つパフォーマンスと制御機構も含めたバーチャルなモジュールモデルが、実際の製品機能を表現できることを説明した。このモジュールモデル自体が既にデジタルデータの製品として取引されている。しかし、これらのデジタルモデルが取引として行き来するだけでは、モノづくりのプラットフォームビジネスが実現できていることにはならない。

プラットフォームビジネスが成立するためには、社会システムの機能が整理され、構築されていることが条件となる。各企業、各組織の開発する各製品モジュールの機能技術とは別に、各モジュールを連携させて活用するための技術として、モデルを連携するＩ／Ｆ技術の構築、モジュールモデルデータの標準化、３Ｄデータの共通標準化、データの信頼性を担保する形成プロセスの保証、機密情報なども含めた企業間の取引を保証するデジタル契約手法など、ある意味、社会インフラのように思える分野の確立が必要である。

二十年から三十年の歳月をかけ、それらの構築、育成、成立、普及が欧州と北米を中心に既にほぼ完了している。モジュールモデル間のＩ／Ｆ、設計の七〇％以上を占めるようになった制御設計の要求仕様を協業企業間で共有、モジュールモデルの基本である３Ｄモデルの標準化まで、こうした社会システム構築の歴史的背景について説明したい。

六・一　モデル連携のために

バーチャルとリアルのモジュール連携の違い

　全ての機能と形状を表現するデジタルデータの集合体であるモジュールモデルは、シミュレーションモデルの一種である。シミュレーションモデルの解析を経験したことのある方はすぐに分かると思うが、個々のシミュレーションを連携して解析する時、そのモデル間のデータのやり取りがデータ変換などで簡単にできないことが多い。過去においては、ほとんどできない時代があった。モデルのデータフォーマットや、解析の諸データの単位合わせ、粒度レベル合わせなど全てが合致しないと、複数のシミュレーションモデルを連携して動かしても、目的の解析ができないのだ。そのような経験をお持ちの方も多いと思われる。

　実際、データフォーマットだけでも合わせないと、簡単な解析も連携することはできない。これは例えば、スポーツで使われるボールのようなもので、名前は「ボール」と一言で言っても球技ごとに硬さも大きさも、重さも違う。野球のボールとゴルフのボールも、サッカーボールも違う。それぞれの分野で育ってきたボールの規格が存在する。これを同じ大きさの一つの規格にしようと言い出すと

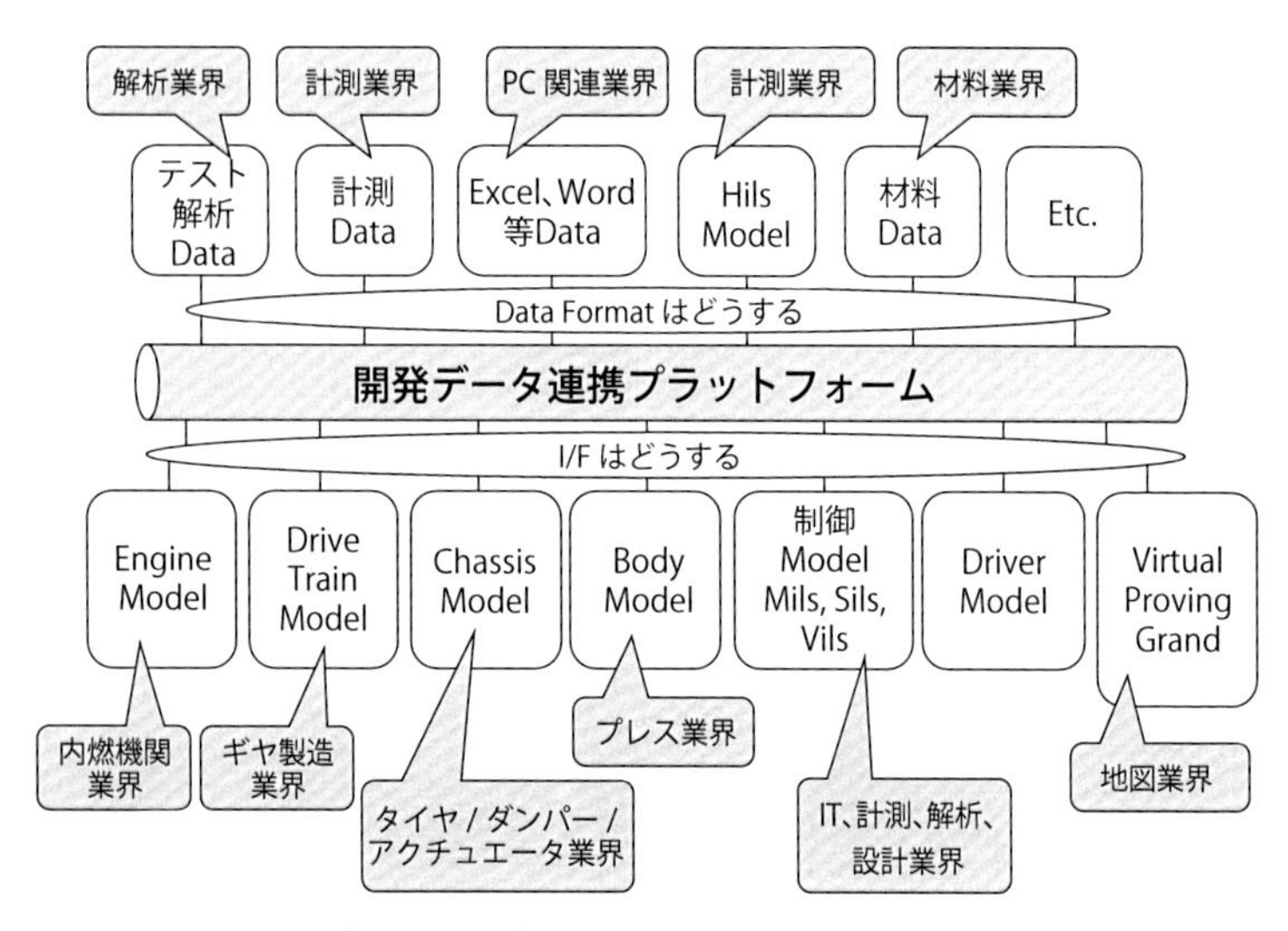

図6・1　開発データ連携プラットフォームと各機能モジュールの背景

大変なものごとになりそうである。これが、規格標準化に関する課題である。

図6・1は第一章で説明した開発プラットフォームにぶら下がっている各モジュールモデルの背景を示している。この背景には各産業分野が存在する。産業分野ごとに特徴があり、粒度も違えば、製品のライフサイクルも違う。それらのモジュールをシミュレーションモデルとして実物と同じように扱うために、ビジネスルールも含めた整合が必要となる。

例えば、変速機に使われるギアの表面精度はミクロン（㎛）オーダーである。それに対し、板金部品の多いボディモジュールの組み立て精度はミリメータ（㎜）オーダーとなる。三桁の違いのオーダーがあるが、実機では組み立ててしまえば、その違いも取り付けの締め付けの中に埋もれてしまう。デジタルデータでは、解析上、データ誤差の中に含まれてしまい、互いが連携した解析にならない。そのようなことから、シミュレーションモジュール連携は粒度レベルも合わせたI／Fとユニットの標準化が必要となる。

シミュレーションモジュールを連携するFMI

シミュレーションモデルを連携するFMI（Functional Mock-up Interface）というI／F規格をご存じだろうか。ほとんどの読者の方は知らないのではないだろうか。二〇一九年、日本のCAE技術者達と情報交換した。驚いたことに、シミュレーションの専門家である彼らの中で、FMIを知っている方が非常に少なかったのである。自動車一台に及ぶ各シミュレーションモデルを連携した解析が日本ではほとんど行われないことから、シミュレーションの専門家でさえ、このFMIというI／F規格をほとんど知らない。

ところが、世界では既に二〇一〇年、FMIがシミュレーション間を連携するI／Fの統一規格のDe Facto Standardとして扱われている。シミュレーションモジュール間の世界のI／F規格がFMIなのである。図6・1の開発データ連携プラットフォームに連携するモジュールモデルの連携部分がI／Fであり、その連携規格がFMIを使用しているということになる。当初からDe Facto Standardとして扱うように目指して考えられたそのI／F規格は、どのように決められたのであろうか。

欧州にＭｏｄｅｌｉｓａｒというプロジェクトが存在した。Ｍｏｄｅｌｉｓａｒプロジェクトは、二〇〇八年から二〇一一年にかけて欧州が設定した。このプロジェクトの目的は大きく二つある。一つは、現在ではDe Facto Standardとして活用されている自動車用ソフトウェアアーキテクチャＡＵＴＯＳＡＲ（Automotive Open System Architecture）を普及推進することである。このＡＵＴＯＳＡＲと欧州のプロジェクトに関して、第十章の欧州の政策を振り返る中で説明したい。

もう一つの目的は、機能的モックアップ（モジュール）への標準化されたＩ／Ｆを開発することと言われている。これは開発データ連携プラットフォームに連携するモジュールモデル間の標準化されたＩ／Ｆそのものである。「シミュレーションモデル間Ｉ／Ｆ標準規格」が、このＭｏｄｅｌｉｓａｒプロジェクトの最大のアウトプットである。

「シミュレーションモデル間Ｉ／Ｆ標準規格」設定の背景

なぜ、シミュレーションモデル間Ｉ／Ｆ標準規格を目的にしたのかということに対し、当時の記録が公開され残っている。

サプライヤ別に部品開発後、

・自動車メーカ、メガサプライヤはシミュレーションモデルを統合したいが、多くの異なるシミュ

　レーションツールが使われている
・そのため、シミュレーションの検討ごとにモデルのデータ変換や、I／F作成が行われる
・このため、サプライヤのモデルスペック保護や、別検討への再利用ができない
という大きな課題があった。

　この欧州のプロジェクトは3Dモデルを用いたシミュレーション連携のためにドイツのダイムラー社がリーダシップを取り、十四の自動車メーカと総勢二十九の団体が協創したことで成立した。その予算は三十ミリオンユーロ（約三十五億円）である。

　日本でも、このようなプロジェクトに予算が設定されることがある。例えば、日本の総務省のプロジェクトとして活動した革新的設計生産技術など、国プロ（SIP）として生まれている。しかし、シミュレーションモデル間のI／Fを規格するだけのプロジェクトの予算額が三十五億円は承認されない額かもしれない。また、日本ではこのような内容の提案をすることもないのかもしれない。それというのも、エンジニアリングの展開の中でシミュレーションモデルの連携がどのような価値をもたらすか、産業育成検討の政治家、モノづくり技術者、設計技術者、IT技術者、企業経営者などを説得し、必要性を共有しなければならず、すぐに予算成立することが難しいと思われる。

　当時、欧州では、3Dモデルを用いた新たなモノづくりの将来像を理解し、プロジェクトの必要性を共有していたことが推測される。このような3D化の設計開発環境が既に定着しており、その結果

の課題対策として、この「シミュレーションモデル間Ｉ／Ｆ標準規格」構築プロジェクトが生まれたのである。そして、異なった各会社の作成したシミュレーションモデルであるＳＩＬｓ、ＭＩＬｓ、ＨＩＬｓが連携活用可能となるように規格が設定された。その規格はシミュレーションモデル機能を連携するＩ／Ｆであり、ＦＭＩと呼ばれる。ＦＭＩの有効性評価は参加した十四の自動車メーカで行われ、Ｍｏｄｅｌｉｓａｒプロジェクト主催による二〇一一年三月の講演会でその結果と詳細が説明されている。このＦＭＩ「シミュレーションモデル間Ｉ／Ｆ標準規格」の内容は約十年前に一般普及が開始されていたことが分かる。

ＯＥＭ、サプライヤ間の制御設計情報の共有環境

現在、製品開発費用の七十％以上が、製造品の機能制御などの組み込みソフト設計に費やされていると言われている。この制御設計の分野を中心として、航空機業界、自動車業界など安全が重要となるシステムの組み込み製品開発で活用されているアプリケーションが存在する（図６・２）。このアプリケーションを用いることでＯＥＭ、サプライヤ間が直接、要件仕様の情報交換を行うことができ、サプライヤと開発パートナーが、開発プロセスに同期し、バーチャル環境で一体化された開発設計を行うことができる。

制御設計の要求仕様の管理は、異なる企業間で要件情報を交換するため、企業間での同一環境の対

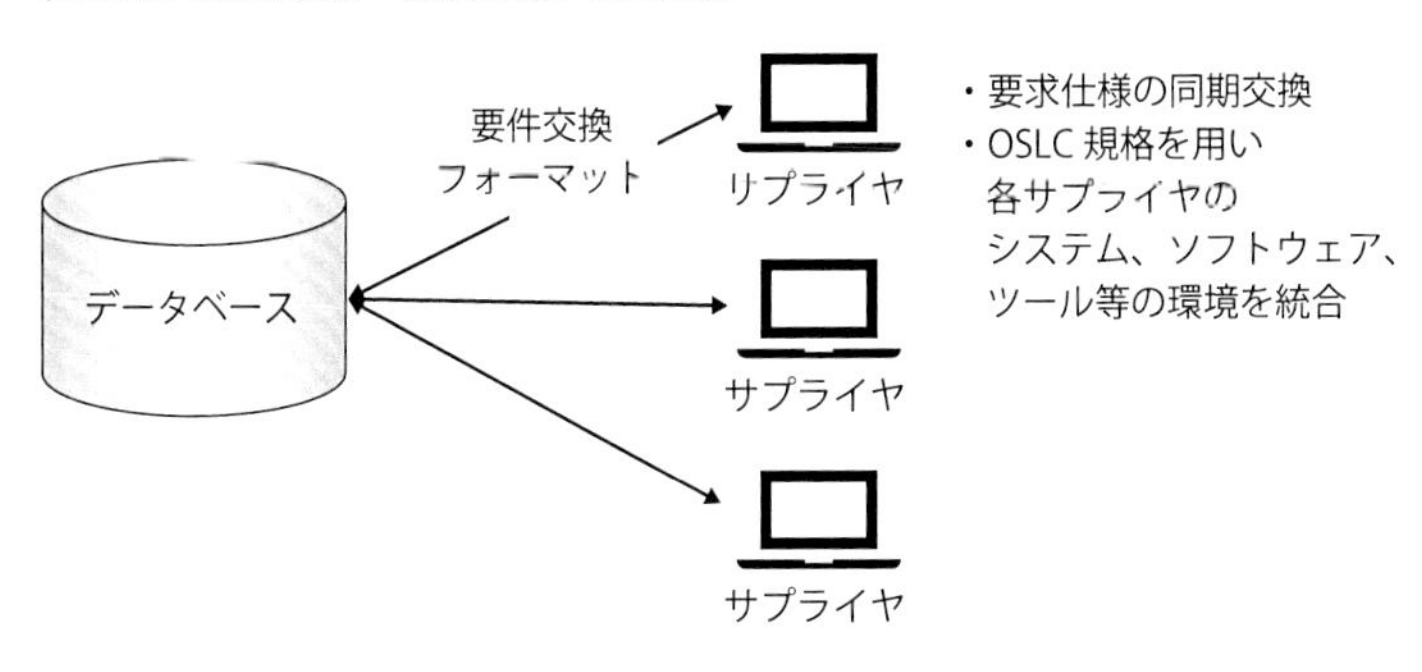

図6・2　製品開発用「要求仕様」管理環境の例

応が必要となる。この環境を提供するアプリケーションがＩＢＭ製のＲａｔｉｏｎａｌ　Ｄｏｏｒｓである。二〇一〇年頃より普及し始め、自動車業界、航空機業界ではほぼDe facto Standardになっていると言われている。このようにほぼDe facto Standardになったのはデータフォーマットなどのデータ流に絡む項目を自社の規格を用いず、一般に標準化された規格を用いるオープン戦略を取ったことに起因しているように思われる。具体的に説明すると、要件交換フォーマットはＲｅｑＩＦ（Requirements Interchange Format）を用いており、規格はＯＳＬＣ（Open Services for Lifecycle Collaboration）を使用している。

要件交換フォーマットのＲｅｑＩＦは二十一世紀初頭、ドイツの自動車メーカのコンソーシアムであるＨＩＳ（Herstellerinitiative Software）が、一般的な要件交換フォーマットを定義した。それが、二〇一一年より正式なバージョンとして普及展開している。これも要件交換フォーマットの

De facto Standardと言えよう。

また、ＯＳＬＣ規格はツール間の連携を容易にし、各サプライヤ環境のシステム、ソフトウェア、ツールなどの環境を統合することが可能である。要件交換の必要性を理解した企業群が自ら集まりコンソーシアムを結成し、その活動のアウトプットが制御設計の要件標準規格ＯＳＬＣである。

二十一世紀初頭、このＲａｔｉｏｎａｌ Ｄｏｏｒｓ開発の第一線におられた、ＩＢＭ研究所の所長クラスをされていた方と筆者は話をしたことがある。その当時Ｒａｔｉｏｎａｌ Ｄｏｏｒｓで用いられているフォーマットや規格を、自社の規格を用いた独自戦略にするか一般に公開されている規格を用いるオープン戦略にするかの議論があったそうだ。自動車の電気／電子に関する機能安全についての国際規格ISO26262が正式発行した二〇一一年頃より、この分野のDe facto Standard化の動きになった現在の結果を見ると、オープン戦略を選んだ判断が正しかったと言える。

六・二　３ＤＣＡＤモデルデータの標準化

３Ｄ形状を正確に表現できる設計ツールとしての汎用の３ＤＣＡＤが設計現場に普及し始めたのは一九九〇年代半ばである。この３ＤＣＡＤの登場により、設計の歴史が大きく変わることになる。

当初は形状を表現するモデル作成ツールという扱いだったが、二〇〇一年頃より市販の汎用ＣＡＤ

の3DモデルをCAEモデルとして活用できるようになり、設計仕様検討の解析ツールと設計作業ツールの連携という新たな展開が始まった。CAD／CAE／CAMが連携した設計・解析・モノづくりを同時に、同じ環境で検討できる時代が訪れた。これがバーチャルエンジニアリングのスタートと言える。

CAD環境の進化

ここで3DCAD導入展開の経緯を振り返る。前述した

・FMI：シミュレーションモデルの連携

・制御設計要求仕様の連携

は3D形状をモデル表現する上での必須の連携項目である。そこで、最も基本の3D形状の標準化と連携するまでの歴史を振り返りたい。

3Dデータを中心としたモノづくり・開発環境の将来性に目をつけた自動車各社は、一九八〇年代に入る頃から3DCADシステムの機能構築と導入の攻防が起こった。それはCAD技術をどのように入手し、モノづくりの現場とどのように融合させるかということであった。北米、欧州、日本の自動車メーカ各社では、3DCADシステムの自社開発、市販CADの選択、市販CAD会社の買収などの展開が行われた。それは、自動車メーカ各社の開発モノづくりの将来像構築のためにビジネスモ

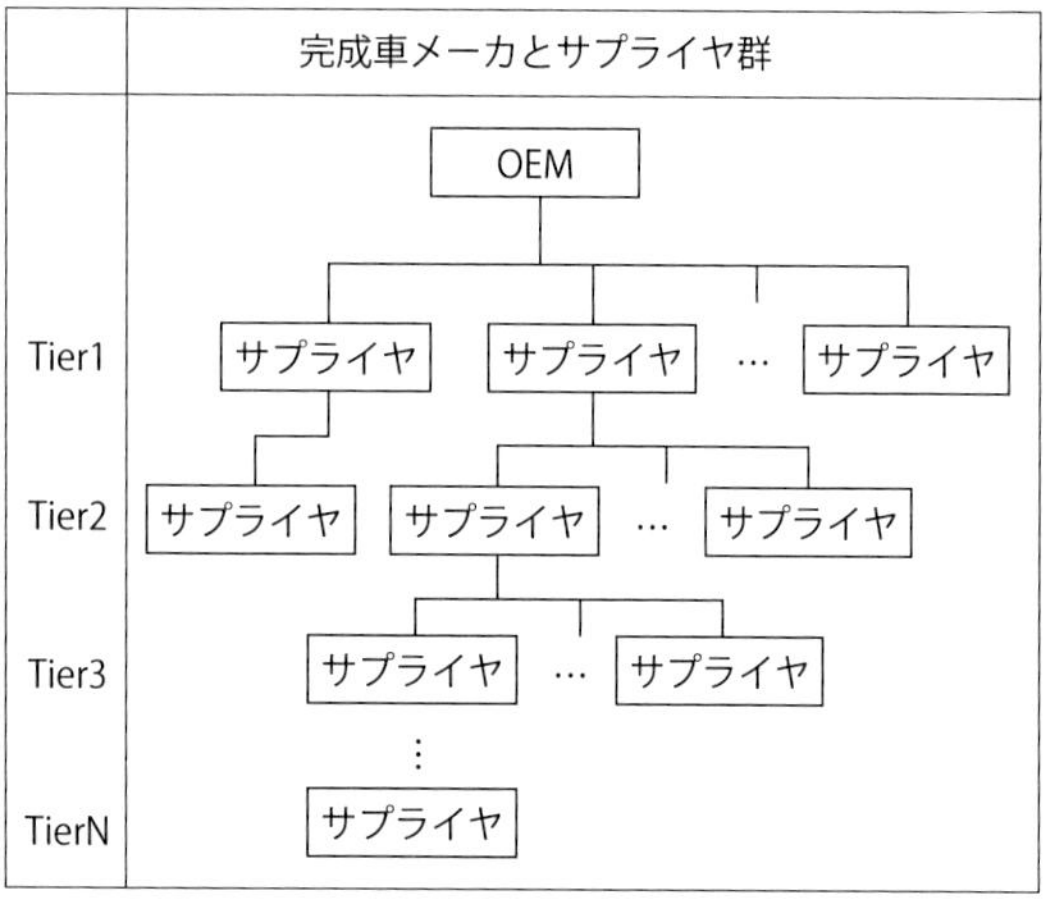

	完成車メーカとサプライヤ群
	OEM
Tier1	サプライヤ　サプライヤ　…　サプライヤ
Tier2	サプライヤ　サプライヤ　…　サプライヤ
Tier3	サプライヤ　…　サプライヤ
⋮	⋮
TierN	サプライヤ

図6・3　自動車メーカとサプライヤ群

デルを変化させるほどの大きな展開であった。

一九八〇年代は自社CAD

一九八〇年代は主に自動車メーカが3DCADシステムを自社開発し、その自動車メーカの系列サプライヤ内だけで活用された。3DCADデータは、部品を金型製作するためのCAMデータとして、モノづくりへ活用する流れが生まれた。既に当時から、CADとCAMの連携が始まっていたことになる。**図6・3**のように自動車メーカとサプライヤはヒエラルキーを持ったチェーンとなっており、自動車メーカがサプライヤのCAD環境をサポートする必要があった。

CAMデータとしての流通が本格的になると、自社CADを活用する自動車メーカでは、その系列サプライヤへのサポートが増加していった。それと同時に、自動車メーカが作成したCADデータをCAMデータ

	日本				ドイツ			北米		
	A社	B社	C社	D社	E社	F社	G社	H社	I社	J社
1980年代	自社CAD	自社CAD	CATIA	自社CAD	CATIA	CATIA	CATIA	自社CAD	自社CAD	?
1990年代	自社CAD	I-deas	CATIA	自社CAD	CATIA	CATIA	CATIA	UG	I-deas	CATIA
2000年代	CATIA	NX	CATIA	NX	CATIA	CATIA	CATIA	NX	CATIA	CATIA
2010年代	CATIA	NX	CATIA	NX	NX	CATIA	CATIA NX	NX	CATIA	NX

＊I-deasとUG（Unigraphics）は2000年代にNXに統合

図6・4　日米欧自動車メーカの3DCAD展開

として活用できるサプライヤは、主にその自動車メーカ系列に限られることからCADデータの活用範囲に限界が生じた。このことは、高い効率と品質をもたらす可能性のあるデジタル開発の普及とビジネスの拡大に支障をきたすことを予感させた。

これらのことから、サプライヤなどへのサポート対応と活用範囲を広げるため、ユーザーが多くて機能も高い汎用市販CADの活用が世界の自動車メーカの中に拡がった。この流れは二十世紀のうちに進行し、CADベンダー業界の再編を経て数種類の汎用CADに集約されていくこととなった。

自社CADから市販CADへ

図6・4を見ると一九八〇年代、自動車業界では、ドイツと日本の一部の会社を除いて自社開発の3DCADシステムが中心であった。一九九〇年代に入ると、世界の自動車メーカは自国から離れ、需要のある国で現地生産するグローバル化が盛んに行われた。グローバル展開のためにはビジネスパートナーの中でCAD

データの共有活用を行う必要があった。そのため、各自動車メーカ系列内でＣＡＤデータ共有のためのグローバル展開活用標準化を行う必要があった。データを共有して活用するこの動きはＯＥＭ－Ｔｉｅｒ[※2]Ｎ系列内でＣＡＤシステム環境を共通化することで、モノづくりデータの系列内標準化が可能になる。このことから、ユーザーの多い市販ＣＡＤシステムをグローバルのＴｉｅｒＮ間で統一活用することで、自動車メーカ系列サプライヤ間のＣＡＤ／ＣＡＭデータを共通化できた。図６・３の自動車メーカとサプライヤ群が同一のＣＡＤシステム環境を共通化することである。これにより、市販のＣＡＤベンダが各サプライヤのサポートを行うことになる。

自社ＣＡＤを用いていた自動車メーカはデータの共有化に限界が生じ、ユーザーの多い市販３ＤＣＡＤシステム環境への変換導入へ移行が始まった。それがＣＡＴＩＡ、ＮＸ、Ｐｒｏ－Ｅの三大ＣＡＤに集結した。各自動車メーカの対応は二〇〇〇年前後までに終了した。ただし、３ＤＣＡＤシステム環境を統一することで、同じデジタル環境の中だけでデータ共有を行うこの方式は、自動車メーカとＴｉｅｒＮ間には資本関係とは別の同一ＣＡＤシステム環境の系列関係が生まれた。

各３ＤＣＡＤシステムのＣＡＤデータはそれぞれ独立したフォーマットを形成していたため、仮にａタイプの３ＤＣＡＤシステム環境の自動車メーカとサプライヤは、ｂタイプの３ＤＣＡＤシステム環境の自動車メーカとサプライヤグループの取引を行う時、３ＤＣＡＤのデータ変換を行わなければならなかった。そのため、そのビジネスの範囲とサプライヤの系列関係は資本以外にＣＡＤフォーマットの系列関係という裏の関係ができたのである。このようないくつかの課題は自動車メーカーサプライヤ間のビジネスモデルの課題の一つとして共通認識されていた。

同一CAD環境ではあるがバージョン違いでデータ共有が不可

自動車メーカとその系列サプライヤ間が同じ市販CADシステムで統一し、共有可能と思われたが、同じCAD環境なのにもう一つの大きな課題が存在していた。

同じ市販3DCADシステム環境で系列内を統一しても、プログラムの異なるバージョンアップ時期（ナンバーで管理されている）や、異なる機能アップリリース時期（ナンバーで管理されている）により、例え同じ3DCADシステム環境を使用しているOEM-TierN系列内でもデータ活用ができなくなることがあった。このため、同じ3DCADシステム環境を用いている系列内でバージョンアップの同期化という課題が生まれた。また、3DCAD機能の充実のためにはバージョンアップやリリースアップなどを行う必要があった。二〇〇〇年代当時は、データの互換手法や各CADフォーマットに対応した変換プログラムなどが十分揃っておらず、開発の全ての段階でCAD環境の同一バージョン化が必要で、サプライヤも同一バージョンのシステム環境への対応が求められた。

系列越えのサプライヤはOEMと同一のCAD環境の複数用意が必須

CADベンダーによるCAD機能アップは半年ごとに行われ、それ以外に小さな機能の更新が適宜行われた。OEM－TierN系列内で互いにデータを活用するためには、機能アップした完全に同一のプログラムにする必要がある。つまり、同じCADを使っていても、Aという自動車メーカとBという自動車メーカでバージョンアップの時期が違う場合、サプライヤ側は同じ名前のCADシステムにも関わらず、AとBの自動車メーカとデータ交換を行うために、それぞれに対応する時期にバージョンアップしたCADシステム環境を用意せざるを得なかった。

これはサプライヤ側にとって大きな負担であった。このため、世界の主な自動車メーカは社内で使用しているCADのバージョンアップ時期を事前に公開した。また、主な自動車メーカが集まり、各自動車メーカ間でバージョンアップ時期を同期するトライアルも行われた。自動車メーカ同士が協力して連携を行い、バージョンの違いでサプライヤがデータ連携が行えなくなることを防ごうとしたのだ。これは自動車メーカ間を越えた協調であった。この件に関して、拙著『バーチャル・エンジニアリング』で紹介した〝世界の自動車メーカが集うデジタル開発国際会議〟を開催する目的の一つであった。

自社CAD環境から市販CAD環境へ移行したが、同じCADの中でバージョンを合わせないと所期日的が達成できなかった。資本関係がないにも関わらず、自動車メーカ同士がＴｉｅｒ１、ＴｉｅｒＮとのデータ連携を行うために協力せざるを得なかったのである。

このような対応が必要になるほど、連携の重要性を自動車メーカ間で理解した時代であった。それが、二〇〇〇年代である。

マルチＣＡＤの時代へ

新たな変化が始まったのは二〇一〇年代に入ってからである。これには理由がある。ＣＡＤデータフォーマットの種類でビジネス系列がカテゴライズされるのを防ぎたい自動車メーカ、航空機会社などは、二〇〇〇年代に入り、ＣＡＤシステムごとに独立していたＣＡＤフォーマットのうち、３Ｄ形状を表現する「ソリッドカーネル」と呼ばれる部分のフォーマットを統一するための動きを起こした。完全なDe facto Standardまで成立しなかったが、多くのＣＡＤシステムやＣＡＥシステムの基本になっていたＳｉｅｍｅｎｓ社の３ＤＣＡＤ　ＮＸの規格であるＪＴフォーマットのソリッドカーネルに注目し、これについての調査が行われた。

当初は標準化の可能性アプローチの共有から始まり、それが北米、欧州、日本、さらに他業界へと広がった。ＪＴフォーマットは多くのＣＡＤやＣＡＥの３Ｄ形状表現用フォーマットとして使われており、この表現部分のみを標準化することで形状データの変換作業をなくすことが考えられた。

二〇一三年、ＪＴフォーマットの持つ機能全てではないが、ビューワ表現用フォーマットがＩＳＯとなった。ＩＳＯにならなかったが、ソリッドカーネルといわれるフォーマット部分も、ソリッドデータ表現のフォーマットとしてDe facto Standardの扱いとなった。ＣＡＤデータは３Ｄ形状以外にも多くの属性情報を持つが、これらはＣＡＤ内にデータとして格納せず、ＰＤＭ内に格納・管理することで３ＤＣＡＤシステムに依存せずに各３ＤＣＡＤシステムの最新機能を活用することが可能になるデジタル環境が現出した。これにより、ＣＡＤシステムは各分野の各企業が自社や組織の中で最適機能を持ったＣＡＤを選択することができるマルチＣＡＤ体制の環境へと動き出している。世界の設計環境が、現在どのくらい対応しているのかは不明だが、複数のＣＡＤシステムを使用しても３ＤのＣＡＤデータフォーマットを変換なしで済むマルチＣＡＤ体制への移行に向け動き始めた。

六・三　コンピュータ環境が統一

インダストリー領域のＯＳがＷｉｎｄｏｗｓになる

二〇〇八年はリーマンショックの年として記憶されるが、設計のデジタル環境技術として大きなトピックが存在する。それは三大ＣＡＤ（ＣＡＴＩＡ、ＮＸ、Ｐｒｏ／ＥＮＧＩＮＥＥＲ）を中心とした各CADのプログラムが、一般PCのOSであるWindows上で稼働するようになったことである。世界全体に浸透したと言える。そして、もう一つ大きなトピックは、64ビット版Windows　OSの普及が始まったことである。これを整理すると以下のようになる。

・CAD　OSがWindowsになり、インダストリー領域とオフィス領域で使用するデータフォーマットが同じになった。このため、オフィス系のPCでCADを用いた設計ができるようになったばかりでなく、3DCADデータをEメールで送受信できるようになった

・Windows64ビット版の登場で、一般PC上におけるCAE解析のメモリ上の限界が消えたため、CAE専用コンピュータで行われていた巨大な解析が一般のオフィスPCで可能となり、CAE解析が日常作業の中でできるようなった

特に、CADのOS変更は大きな変革を意味し、世界全体のモノづくりを巻き込んだ大きな活動であったが、二〇〇八年末までに全世界ほぼ対応が終了したと言える。

コンピュータ上の産業間の壁消失

この結果、従来、設計CADや解析にはUNIXワークステーションという専門のコンピュータが用いられていたが、オフィスで使われる一般のPCでこれらを行うことが可能となった。すなわち、設計、解析のエンジニアリング系のデータとオフィスのデータが同じ環境の中で共存することにな

る。業務間の壁、産業間の壁がデータ上は消失したわけである。

このように、3D形状データの連携、シミュレーションモデルの連携、制御設計要求仕様の連携という機能連携だけでなく、エコノミーデータとインダストリデータの連携体制も出来上がり、デジタル産業の業務を越えた参加が可能になったのである。

※2
Tier：自動車業界では完成車メーカに直接部品を供給するサプライヤをTier1と呼ぶ。また、そのサプライヤへ供給する企業をTier2と呼ぶ。このようにN層になっていることからTierNと表現する。OEM－TierNは「自動車会社－サプライヤ間」を示す。

COLUMN

駅の改札機と切符切りロボット

昔は駅の改札で駅員さんが切符を切るのが当たり前だった。しかし、早く切符を切るロボットを造っても、駅の人員削減になるかもしれないが、乗客は便利にならない。切符を切る技能をそのまま技術で表現し、早く、正確に切符を切るロボットを作ることができるはずだが、幸いなことにそのようなロボットは見たことがない。要は、改札の目的は人が通ったかどうかの確認にあり、切符を切ることではない。今では自動改札機にICカードをタッチして通るのが当たり前になった。

筆者は時として、からくり人形のような動きに過去の職人の技を見ることがある。ただし、過去から現在まで、見ると驚くからくり人形であり、実用品ではない。切符を切るために、通る人を感知し、切符をつかみ、入鋏するロボットを今の技術で容易に作ることができるだろう。ある意味、からくり人形の実用版だ。

入鋏する駅員さんは、乗客のスムースな駅への入場と不正乗車を防ぐなどの役目を改札で対応していたはずである。その目的を最新技術の自動改札で実現したことになる。入鋏の作業を自動化した訳ではない。

第七章

プロジェクト参加型
モノづくりの
プラットフォームビジネス

七・一　ＯＥＭサプライヤの開発協業

日本では、自動車メーカ（ＯＥＭ）と部品・モジュールを製造するサプライヤは、詳細設計の段階で共同開発やＯＥＭの構想スペックに合わせた詳細設計仕様を決めるための協業が行われていた。この両者の協業では、部品・モジュールの詳細設計仕様が決まり、その量産は開発協業に参加したサプライヤが受注することが暗黙に決められていた。**図７・１**は日本のサプライヤとＯＥＭの従来行ってきた開発協業のステージを示している。このため、量産受注を目的にＯＥＭの要望する開発協業へ参加していた意味合いが大きい。詳細設計に参加したサプライヤは、そのまま量産の対象である部品・モジュールの製造を受注する。

この協業は半世紀近い前の２Ｄ図中心に設計していた時代から始まっており、図面に記載した設計仕様以外の２Ｄでは形状表現の難しい内容も協業設計時に共有し、それが量産時の、造り現場の作業に生きた。ビジネスとして見ると、サプライヤとしては開発段階の設計・開発への協業費用は時としては赤字となることもあったが、量産受注という最大の目的が達成することで、開発協業時の費用はまかなわれた。ある意味、ＯＥＭとサプライヤとは開発からモノづくりまで非常に良好に見える一心同体のビジネス関係にも見える。

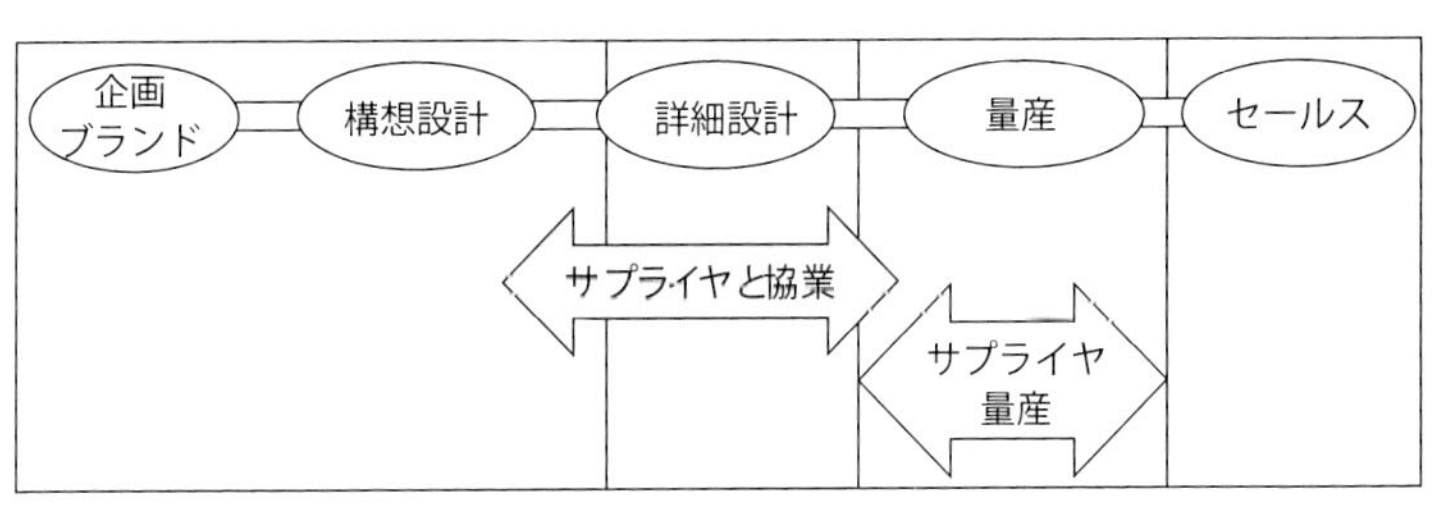

図7・1　従来のサプライヤとOEMの協業

ただし、余談であるが、設計や開発へのサプライヤの協業参加はビジネス慣習と思われた。それだけでなく、設計作業がタダであるような価値観が普及したように思われる。モノづくりより設計の価値が高いように表現されている第一章の図１・３のスマイルカーブを眺めると、ピンと感じない人が多いように聞こえる。日本で、設計は非常に安い作業という考え方が生まれたのは、協業開発で育てられたビジネス慣習が一因ではないかと思う時がある。

開発協業のプラットフォームビジネス

欧州中心に進む自動車開発におけるプラットフォームビジネスでは、自動車メーカ側から開発する車のコンセプト、それに伴う車の全体の振る舞いなどをモデルとして表現したＶＩＬｓをサプライヤに渡す。このＶＩＬｓについては第四章で説明してあるが、もう一度その位置付けを記述する。

ＶＩＬｓには全ての部品、部位、制御機能のモデルが機能連携するようにモデル化されている。ＶＩＬｓは、自動車の持つ操縦性、燃費、走行パフォーマンスなどを検証できるように、自動車一台の制御アルゴリズムと各部位の3Dモデルが連携された自動車一台分の検討と検証が可能になるバーチャル試作車なのだ。このため、VILsモデルでは制御アルゴリズムも含めて自動車の持つ機能、各部位の機能、車の動きの中での部品の各機能特性などの検証と検討まで行えることになる。

例えば、ある部位（モジュール）のモデルを入れ替えることにより、そのモジュールの持つ機能が影響する自動車のパフォーマンス評価が可能となる。サスペンションの仕様を変更したとすると、サスペンションモジュールを入れ替えることでどのような運動特性になるかが机上で検討できる。そのため、サスペンションのサプライヤは自動車メーカから要求された自動車一台の持つ操縦性、燃費、走行などのパフォーマンスなどの特性に対して、サスペンションの仕様設計と熟成を行うことが可能となる。

自動車メーカとサプライヤ間の最新欧州取引では、組み込みソフトを含めたモジュールやシステムの開発がこの開発プラットフォームを活用し行われている。既に活用から十年近く経過した現在は、より効果的なビジネスになっているようだ。ここで言うシステムは、ブレーキシステム、変速システム、エンジンシステム、サスペンションシステムなどで言われるようなハード部品と制御装置を含めたモジュールである。そのモジュールのモデルデータを集め、プラットフォームであるVILsが自動車の振る舞いをシミュレートする。このVILsに「製品を使う環境」、「使う人の特性」などのバーチャルモデルと材料データ、過去の計測した統計データなどをリンクさせたモデル群プラットフォームを、自動車メーカ、サプライヤ間で行き来させる。行き来することで個々の部品も含めた設計仕様が熟成される。これが、第五章で説明したバーチャルスリアワセである。

七・二　機能を持ったモジュールモデル

モジュールの機能自体が取引対象

各部位のモジュールモデルの役割と機能特性がそれぞれのパフォーマンスとして明確になる。それと同時に、このモデルの持つパフォーマンスそのものが、製品モジュールの機能であり、機能自体が価値として取引対象となる。

そのため、新たな機能と設計仕様のモジュールを用いて、サプライヤ側から自動車メーカへパフォーマンス向上やコストダウンなどの提案が可能となる。従来、自動車メーカから設計仕様の指示があり、それに形状的に合致したハードウェアをサプライヤは納入していた。そのハードウェアに対して、対価が支払われていた。サプライヤ側が、自動車の中での自社のモジュールの機能役割を確認する手法がなかったのである。

ところが、プラットフォームビジネスでの開発協業で、自動車メーカ側は、サプライヤにモジュール製品の設計検討と詳細な仕様検証を依頼することができるようになる。それと同時に、サプライヤ側は完成車の中でモジュールの役割を確認できる。このため、モジュール機能そのものが、商品としての位置付けとなった。自動車メーカには最後の量産段階に至るまで、プロセスを通じてその都度の確認作業は求められるものの、構想設計と詳細設計の段階から、サプライヤである専門企業が参加することで専門企業の持つ専門技術で対応する分業を期待できる。Ｗｉｎ－Ｗｉｎの関係が生まれたのである。これは、自動車メーカ／サプライヤ両者が同じ立場での共同設計が可能となることを意味し、サプライヤが機能設計を提案できるビジネスモデルが成立したのである。実際、既にこうした専門企業が詳細設計にまで深く関わっている例が見られる。

当然ながら、第五章で説明したように、プラットフォームに連携するため、各モジュールモデルのデータ、Ｉ／Ｆなどのフォーマット、データ粒度などは標準化された規格を用いていることが前提となり、標準化されたデータフォーマットのモジュールが製品となる。

データ交換の流れがビジネスの流れ

自動車メーカやメガサプライヤの提供するプラットフォームと連携し、サプライヤのモジュールの機能とそのパフォーマンスが熟成決定され、そのモジュールのバーチャルモデルが自動車メーカやメガサプライヤに納入されることになる。最近まではこのモジュールのハードウェア実体を納入することが主に行われていた。それが、変化したことになる。

自動車メーカ側、メガサプライヤ側にしてみると、ハードウェア実体の入手はバーチャルのモジュールモデルを用いて、安く製造できるサプライヤに依頼することができる。バーチャルモデルがあるとハードウェア実体製品はどこで製造されても、誰が造っても同じ品質、同じ機能のモノができる（第二章で詳述）。このため、価値は製造物ではなく、バーチャルのモジュールモデルにある。この〝バーチャルのモジュールモデル〟が最終商品と考えることができるのだ。そして、〝バーチャルのモジュールモデル〟をやり取りするビジネスモデルが始まった。

七・三　サプライチェーンの大変革が起こっている

垂直統合型ビジネスから水平統合型ビジネスへ

従来、自動車や大きな工業製品にはＴｉｅｒ1、Ｔｉｅｒ2…ＴｉｅｒＮと階層が多層になったサプライチェーンが存在し、自動車メーカや、メガサプライヤがそのサプライチェーンのトップに位置していた。モデルベース開発を中心に行われているモノづくりプラットフォームビジネスでは、従来

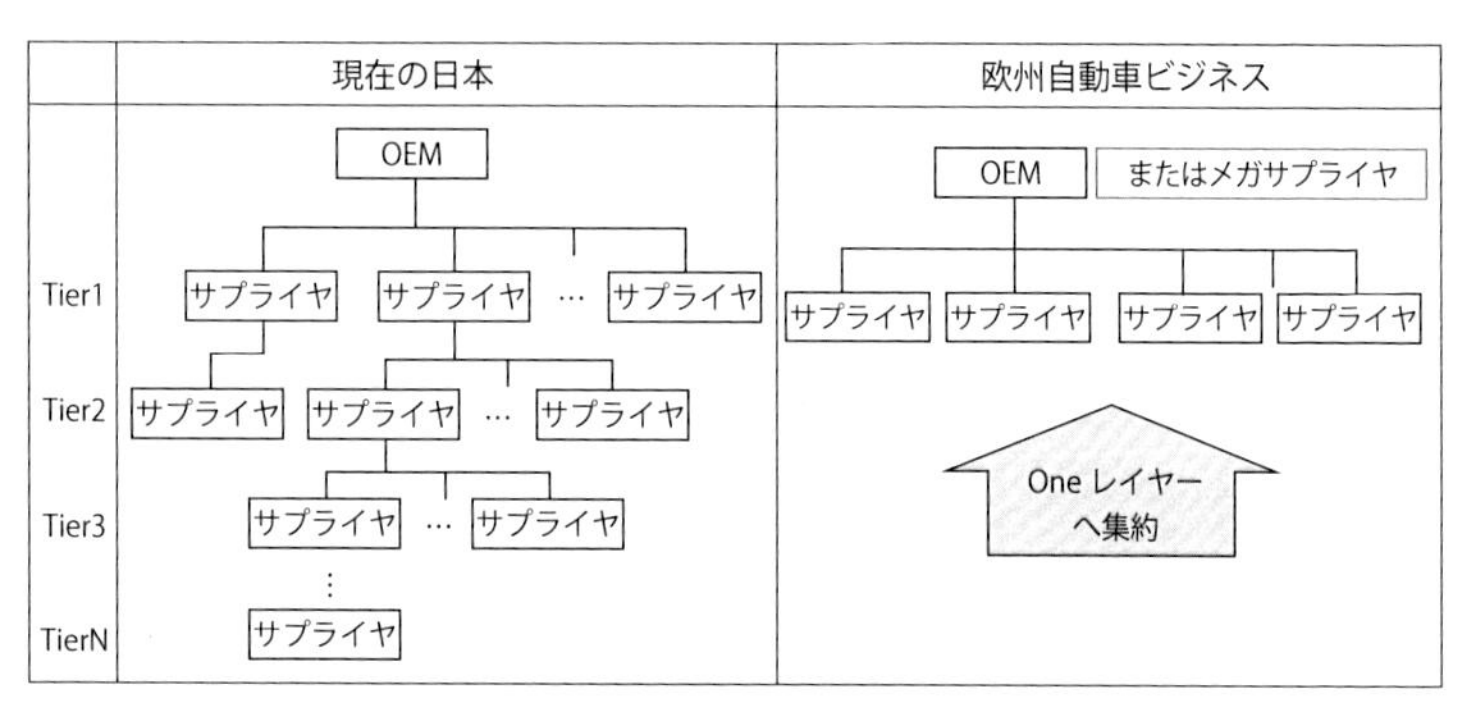

図7・2　一層へ集約した自動車メーカとサプライヤ間ビジネス

のサプライチェーンの形態とは違い、自動車メーカ、またはメガサプライヤと直接、契約したサプライヤが取引を行うことが可能となる。これは提供されるプラットフォームに直接、機能モジュールモデルを連結させることでプロジェクトへの参加が成立することから、従来、下層のＴｉｅｒＮであったサプライヤの機能モジュールモデルはサプライチェーンのヒエラルキー上位に位置していたＴｉｅｒ１の機能モジュールモデルと同等の層となる（**図7・2**）。このようになるのは、従来の取引上のヒエラルキーの位置付けとモジュールの持つ機能のヒエラルキーの位置付けが異なるからである。

従来の下層のＴｉｅｒＮとＴｉｅｒ１の機能モジュールが同じ層となる。それだけでなく、自動車メーカ、またはメガサプライヤが提供するプラットフォームと直接、連携することから、ＴｉｅｒＮであったサプライヤは取引上も同層となる。大きなサプライヤ系列の中にあったＴｉｅｒＮなどの小規模サプライヤが直接、自動車メーカ、またはメガサプライヤとの取引を行うことができるようになった。このため、従来のサプライチェーンは直接取引となり、平坦な一層のビジネスモデルとなる。

従来、自動車メーカまたはメガサプライヤと、サプライヤは垂直統合型ビジネスであった。自動車メーカとサプライヤ間で対等な協業ビジネスが始まり、小規模サプライヤは自社の持つ技術力をデータモデル化することで従来の系列サプライヤから独立した新たなビジネスを行うことができる。モノづくりビジネスのプラットフォーム化は、水平統合型ビジネスに変革していることになる。日本では3D設計が遅れ、バーチャルモデルを取り引きするバーチャルエンジニアリング環境が整っていないため、垂直統合型ビジネスが従来通り継続していると思われる。しかし、世界ではバーチャルエンジニアリング環境の充実は、形態的にも、自動車メーカとサプライヤが対等なビジネスモデルをもたらし、ある意味、サプライチェーンの大改革が始まったと言える。

従来のＴｉｅｒ１は対応の再構築が必要

サプライチェーンが変化していることから、従来Ｔｉｅｒ１として活動していたサプライヤは自社系列のＴｉｅｒ2…ＴｉｅｒＮと同様の立場となり、契約ルールに従った単なる個別のサプライヤとしての対応となるか、または、開発プラットフォームを提供するメガサプライヤとして対応するのか、ビジネスモデルの再構築が必要となる。

これに対し、ＴｉｅｒＮの小規模サプライヤは自社の持つ技術力をデータモデル化することで、従来の系列サプライヤから独立したビジネスを行うことが可能となった。これは小さなサプライヤと言えど、モジュールモデルを用い、自動車メーカと一対一の対等なビジネスが生まれることになる。

七・四　モノづくりプラットフォームビジネスがＧＡＦＡより十年遅れた理由

ＧＡＦＡのビジネスはデジタルネットワークの普及と同期して、成長してきたと言える。一般でのネットビジネスの本格的活動は、インターネットが普及した二十一世紀に入ってからかと思われる。必要とする情報ネットワークと金の決済も含めた流れが一般化した、インターネットの歴史のようなものなのかもしれない。少し、乱暴な言い方をするとＧＡＦＡの歴史も二十一世紀からである。

それでは、モノづくりのプラットフォームビジネスはいつからであろうか。

筆者の感覚から見ると、実際に可能になり、欧州を中心とした自動車産業で動き出したのは二〇一〇年と考えている。その理由は、データ連携のための社会システムが整い始めたのが二〇一〇年前後だからだ（第六章で詳述）。欧州から他の地域、自動車産業以外の他の産業へと普及し始めたのは、それから五年前後の時間を経て、二〇一五年頃からかと思われる。

インターネットはどうだろうか。現在のインターネットの原型の学術ネットワークがアメリカ国防総省主導となって進められていたようだが、これが一九八九年前後の米ソの冷戦終結で商業用に開放され、インターネットが一般に普及したと言われている。その十年前後のち、ＧＡＦＡビジネスの爆発的拡張となった。社会インフラが整うと新たなビジネスモデルが拡がる。

モノづくりのプラットフォームビジネスモデルも二〇〇五年頃から、既に考えられ、始動していた。しかし、実際にビジネスモデルが成立するには時期尚早であった。その後、二〇〇八年からは、汎用ＣＡＤの３ＤモデルがＰＣのＷｉｎｄｏｗｓ上で自由に活用でき、モデル、データなどのＩ／Ｆやフォーマットの標準化、契約ルールなどのモノづくりのプラットフォームビジネスモデルが成立するための社会環境が二〇一〇年に完成した。言い方を変えると、ＥＵ議会も含めた欧州の産業育成シナリオが、この新たなビジネスモデルが動き出すよう社会環境を整えたと言える。欧州の政策については第十章で説明する。

COLUMN

赤旗法 ―新しい発明品登場と社会の許容―

自動車の登場時、今から見ると面白い社会対応が存在した。ただし、このようなことはいろいろな分野で同じように見ることができる。

実際に有用な自動車（十八人乗用車）が製作されたのは、一八二七年頃であった。蒸気機関と伝達装置を除けば、十七世紀以降の馬車の普及に伴って発明された鉄製車輪、ブレーキ、操舵装置、懸架装置、車体フレームなどの技術を継承する形で実用化された。

新たな移動手段として完成された蒸気自動車の登場で、既にビジネスモデルを構築し成功を収めていた鉄道や馬車荷役の関連業界は潤っていたビジネスを脅かすものと考え、「赤旗法」などの強固な反対運動で蒸気自動車の繁栄を阻止しようとした。

赤旗法は、T型フォードが出現する四十年以上前の一八六五年にイギリスで制定された、蒸気自動車の交通規制法令である。蒸気自動車が乗合バスとして発達した影響で旅客をとられた馬車運送業者は、議会への圧力や煤煙・騒音による住民の反対運動によって自動車の速度を制限（自動車は郊外で時速四マイル（六・四km／

h）以下、市街では時速二マイル（三・二km／h））とし、しかも自動車が走る前方を赤旗を持った者が先導し、危険物の接近を知らせなければならないと定めたのである。

しかしそこで暮らす人々は、糞尿の悪臭、飼料の確保、恒常的な馬不足の問題から解放され、蒸気自動車を大変重宝がったのである。このように業界の逆風を受けても、社会的要求を味方につけ、跳ねのけられるくらいの技術であることが重要であることを物語っている。

モノ中心で行われていた現場のスリアワセも「早い、安い、正確」と社会が感じた時、バーチャルモデルで行うスリアワセが主流になる。その日は近く訪れるだろう。

第八章

デジタルモノづくり信頼性保証の公的ツールとルールの普及

モジュールモデルや、シーンを表現するモデル類はデータで形成されている。そのモジュールモデルデータが取引対象となると、そのデータの信頼性についてはどうなっているのだろう。

実機の仕様の記述などによる不正事件などのニュースを見られた読者の方もおられると思う。実機でさえその信頼性保証に対して、いろいろなチェック対応が必要となったのを、ご存じであろうと思う。普通の考え方からすると、実機で不正ができるのだから、実物ではないデータのモデルは、PC上で編集したり、入力条件などを変えたりすることで、改ざん自由と思われるのではないだろうか。だから、データによるモデルでは信用ができないと、思うのではないだろうか。もし、信頼性チェックの方法がないと実機レベル以上の信頼性確保は難しいと思われがちである。

八・一　データ信頼性保証のプロセスチェック

四十年程前からの「データ信頼性保証」活動

一九八〇年代からデータ信頼性保証に関する活動が始まっていた。具体的に言うと、保証をチェックするツールと保証を約束するルールは完成しており、そのツールとルールの普及が既にほぼ完了している。この内容は、ソフトウェアを開発する時のプロセスをガラス張りにし、どのような体制で作成されたかまで保証チェックするためのツールであり、取引を行う時にどのようなプロセスで対応するのかをシッカリと行うことを契約するための商業上のルールである。これらのDe Facto Standardになったツールやルールは、当初、ソフトウェア開発などでその開発の信頼性を判断するのを目的に構築されたものである。

ところが、現在の工業製品の開発費の七十%以上が組み込みソフトウェアの開発費となり開発の大きな位置付けとなった。このソフトウェア自体の開発プロセスをガラス張りにする必要性が生じただけでなく、ハードウェア形状部分の3Dデータ保証が必要となった。そのため、欧米中心に普及しているのだが、組み込みソフトウェアが多く含まれている自動車や、建設機械、医療用機器などの組み込みモジュールのやり取りのビジネスにもこのツールとルールが適用されている。読者の皆さんは、ソフトウェアを開発する会社の技術レベルと開発プロセスを保証する指標として「CMMIレベル3を持っている」とか、「レベル5を取得した」とかの話題を聞くことがあるのではないだろうか。それが、CMMIの活用状況を示す内容の一部である。

二〇一七年以降はシステム製品まで適用

これらのツールとルールはモジュールの中の組み込みソフトウェアに関するものであったが、ルールに関しては二〇一七年から、モジュールとシステムという扱いになった。例えば、ブレーキシステム、サスペンションシステム、変速システムなどのハードウェアも含めたシステム全体のルールという扱いになったのだ。
　これは、システムのハードウェア部分の3Dモデル、機能、来歴などの全てを追跡管理可能とすることになる。既に、ツールのCMMIに関しては、文献やレポートなどに記述され知られているが、この章では、商法上の契約での対応の仕方として一般普及しているルールのSPICEを中心に説明したい。

さきがけとなった活動：一九八〇年代CMMスタート

　始まりは、軍隊の軍事費削減という属人的発想からだった。今から三十年以上前、アメリカ国防総省の調達部門は軍事費の多くを占めているソフトウェアコストの圧縮を目的に、ソフトウェア開発プロセスを明確にする対応策の必要性を考えた。当時、ソフトウェアコストは増大する状態であり、いずれ大きな問題になることが見えていたのである。

　そこで一九八〇年代、国防総省はカーネギーメロン大学のソフトウェアエンジニアリング研究所（SEI）と共同で、能力成熟度モデル（CMM：Capability Maturity Model）というプロセス確認ツールを開発した。国防総省はカーネギーメロン大学のSEIと共同と記述したが、国防総省の予算でこの研究所を設立したようなもので、その後、この研究所はソフトウェアの先駆的な仕事を進め、システムの品質と寿命に対しての考え方や、サイバーセキュリティツール、ネットワーク全体の監視と保護するシステムの提供など、大きな動きをしている。

プロセス対応レベルを見える化

その研究所が行った、国防総省の要望に沿うアウトプットの一つが「プロセス対応レベルの見える化」である。

このCMMツールモデルは、ソフトウェア開発およびその開発マネジメントプロセスが一定の成熟度レベルに達しているかどうかをチェックできるようになっている。CMMモデルを用いることで、契約業者のプロセス対応レベルの見える化が可能となり、これにより国防総省との契約業者はプロセス改善に取り組むことが要求された。このCMMツールモデルを用いて、ソフトウェア開発およびそのマネジメントプロセスをチェックすることが調達時の条件になったのだ。そのため、従来契約した業者と異なる新たに契約した業者が参加しても、ソフトウェアの品質保証の標準化がされたことになる。

一般ソフトウェアビジネスの開発プロセス確認に適用

その後、このCMMツールモデルは国防総省と契約業者だけの活用ではなく、一般ビジネスに活用され始め、システムエンジニアリング／ソフトウェアエンジニアリング／ソフトウェア調達／統合製品開発といった、より多くの分野をカバーする新たなＣＭＭＩ（CMM Integration：CMM統合モデル）へと成長し、プロセスマネージメントの能力成熟度は5段階で評価するようになった。

日本でのＣＭＭＩの活用は

日本のＩＴ企業も二十一世紀初頭より、自社のソフトウェア開発におけるプロセス対応の品質レベルを表現するために、ＣＭＭＩの導入対応を行っている。ある意味、ソフト開発の受注案件を獲得するための営業アイテムという扱いの側面もあるが、目的はそれだけではない。ＩＴ業界では、特にソフトウェア会社の社内のプロセス改善のため、より高いレベルのＣＭＭＩ認定を目指して、自社内の開発レベル向上が行われたのは事実である。開発プロセスとプログラムの品質保証を行う最高ランクのレベル5の認定を目指した活動が多く見られる。

日本でレベル5を認定された企業は八社存在する（二〇一七年三月三十一日現在）。ただし、中国、インドではそれぞれ百社を超えると言う（レベル内容は**図8・1**参照）。

日本では、ＣＭＭＩはＩＴ企業のためのツールという扱いのため、製造業分野ではほとんど注目されず、知られていなかったと言える。そのため、日本の自動車業界や、ハードウェアで成長してきた日本のサプライヤにとっては製品の組み込みソフトウェア開発にはＣＭＭＩがほとんど導入されてい

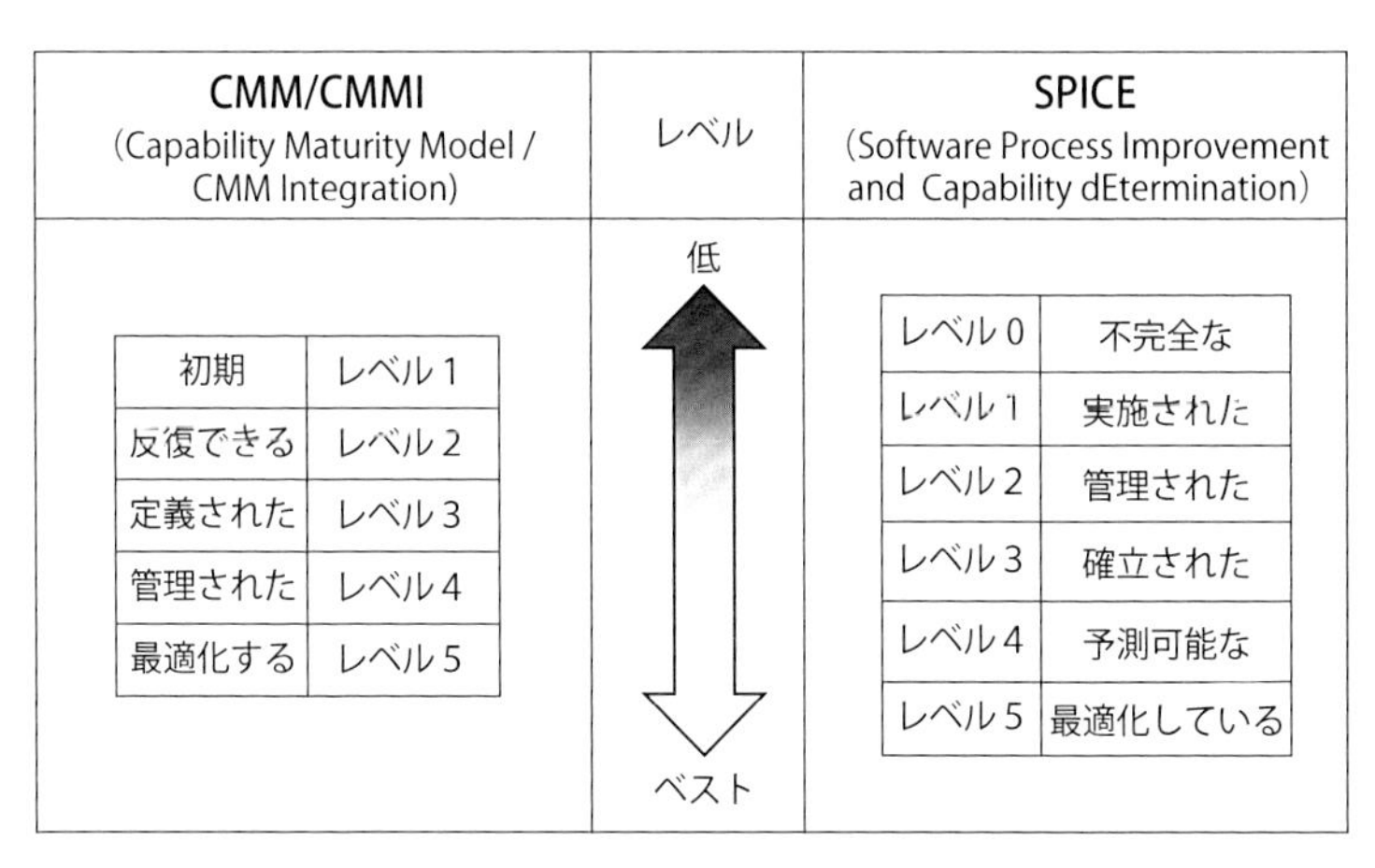

図8.1　CMM/CMMIとSPICEのレベル内容

ないのが現実のようである。また日本では、自動車メーカとサプライヤ間の契約時の条件にCMMIを活用している例は少なく、あくまでも、各ソフトウェア企業が自社内のプロセスを評価することに活用してきただけと思われる。日本では、CMMIはソフトウェア企業の自社内プロセスマネージメントシステムのレベルを高めるためのみの活用となっているが、その目的においても最適なツールと言える。

八・二　データ保証に関する契約ルール策定

企業間のデータおよび開発プロセスの保証に必要な規格

CMMのプロセス確認ツール構築から数年経った

一九九二年、製造業におけるソフトウェア開発プロセスマネージメントの規格化対応のための動きがスタートした。これも軍事部門から提案があった。今度はイギリスの国防省が動き出したのだ。国防省がソフトウェアプロセスアセスメントの標準化の取り組みとして、民間企業が〝契約に使うルール〟を策定したのが発端である。これが後によく知られるSPICEの始まりである。このSPICEは日本ではあまり知られていないようである。SPICEとは、〝Software 〝Process 〝Improvement and 〝Capability dEtermination の頭文字を合わせた略語である。そのまま訳すと「ソフトウェアプロセスの改善と能力の判定」となるが、目的は企業間の契約時のソフトウェア開発力の企業レベル保証契約ルールである。アメリカのCMMを推進した中心メンバーが集められ、SPICEはスタートした。CMMIとSPICEもスタートの目的が同じであるが、その違いを簡単に説明すると、CMMIは「開発プロセスとプログラムの品質保証」を〝判断できるツール（モデル）〟であり、SPICEは「開発プロセスとプログラムの品質保証」の〝契約ルール〟という位置付けと言える（図8・2）。

規格化して企業間契約のルールに

プロセス改善としては、CMMのモデル開発プロセスチェックのツールが先行して構築されたが、イギリス国防省による提案は、当初から企業間の契約ルールとすべくISO規格としての成立を目指していた。これには一九九〇年代の製造業に次のような背景が存在していたことが遠因となってい

		CMM/CMMI	SPICE
スタート		1980 年代	1992 年
目的		開発プロセス改善とプログラムの品質保証を判断可能なツール（モデル）の構築	開発プロセスとプログラム品質保証に関する契約ルールの構築
最初の推進団体		米国国防総省	英国国防省
対応メンバー		カーネギーメロン大学 ソフトウェアエンジニアリング研究所	当初、CMM 主要メンバー参加
活用	目的	ソフトウェア会社内における ソフトウェア開発の品質保証	複数会社間でソフトウェア開発時の品質保証
	効果	ソフトウェア会社中心に普及、社内開発プロセス改善のマネージメントツール	製造業、特に欧州自動車産業界で会社間の契約時の適用条件ルールとして普及

図8・2　CMM/CMMIとSPICEの比較

る。

①ソフトウェア開発経験が少ないのにも関わらず、ハードウェアの安全性をソフトウェアによって実現する必要性が増えたこと

②当時、ソフトウェア開発は比較的新しく、

・（ソフトウェア成果物を納入する）大半のサプライヤは、例え素晴らしいソフトウェアを納入したとしても、それを常に納入保証するやり方を持ってなかった

・自動車メーカなどのOEMメーカは、ソフトウェアには開発期間が必要ないと考える傾向にあった

・ソフトウェア設計要件の標準化や管理が不足しているので、ソフトウェア品質の問題が多発した

③自動車メーカなどのOEMメーカは、自分たちのシステム開発が正しく行われていることを実証

する方法を求めていた

約三十年前、欧州にあったこのような課題を解決するためにイギリス国防省が対応したと言われている。一九九〇年当時、「ソフトウェアには開発期間が必要ない」と思われていたことは、筆者も経験がある。余談ではあるが、今でも日本では「ソフトウェアには開発期間が必要ない」と言われる方が多数いるように思われる。特に、ハードウェア中心のベテラン設計者などは時として言ってしまうのではないかと思う。その理由はいろいろあると思われるが、日本では、デジタルや3Dモデルを用いた開発、モノづくりが、欧米に対し遅れていることも関係がありそうだ。例えば、北米では二十世紀中に終わっていた設計図の3D化は日本では未だに終了しておらず、日本の設計とモノづくりの環境と考え方が二十世紀後半のままなので、欧州で一九九〇年代に言われていた課題が今でも残っているのかもしれない。

こうしたソフトウェアのプロセスアセスメントの標準化の取り組みは、後にSPICEという商法上の契約ルールの一つとして構築され、ISO15504として動き出す。

八・三　ツールとルールの運用

CMMIとSPICEの違いは

ＣＭＭＩは開発プロセスとプログラムの品質保証を「判断できるツール（モデル）」であり、ＳＰＩＣＥは開発プロセスとプログラムの品質保証の「契約ルール」という位置付けかと思われる。図８・２をもう一度見て頂きたい。ＳＰＩＣＥは、ＣＭＭを最初に検討した中心人物たちが集められ、ＣＭＭＩとＳＰＩＣＥは「開発プロセスとプログラムの品質保証」というテーマで検討された。それが、ＣＭＭＩは「ツール」、ＳＰＩＣＥは「契約ルール」として構築され、普及活動が続いている。

SPICEは欧州自動車メーカとサプライヤの契約ルールへ

一九九二年にスタートしたソフトウェア開発プロセスマネージメントの規格化対応は「開発プロセスとプログラムの品質保証」の「契約ルール」という位置付けとなり、順調に成長、普及活用が進められた。二〇〇六年、ＳＰＩＣＥのコアに当たる部分が欧州自動車業界のＯＥＭとそのサプライヤ間のビジネスルール「Automotive－SPICE（ASPICE）」として再構築され運用が始まった。そして、次の年の二〇〇七年にはドイツ自動車工業会（VDA）がASPICEを統一基準として運用とDin規格（ドイツ工業規格）化を提案した。それを機に、欧州自動車業界のバーチャルモデルを取り扱う際の契約慣習として欧州の中で急激な普及が始まった。現在では、欧州のみならず、北米、アジアなどでの自動車メーカとサプライヤのTierN間の契約の基本としてASPICEが普及しつつある。

今ではソフトウェアではなくシステム全体の契約ルールとなった

当初、SPICEはソフトウェアの契約ルールという扱いであったが、ソフトウェアの活用がハードウェアも含めたシステムとしての考え方に変わり、二〇一七年以降は、ソフトウェアからシステム全体のプロセスアセスメント標準化活動に変わった。これは、現在の製品では組み込みソフトウェアの開発費が七十％以上を占めるようになり、「製品システム＝ソフトウェア」となったことが理由となる。

現在のASPICEの位置付けは、欧州中心のOEM－TierN間のローカルルールとしての活用であるが、ISO15504がISO34000番台に移行するに従い、ISO34000番の項目として全世界のシステム構築ビジネスの取引に必須なインターナショナルルールになると思われる。このISOとしての施

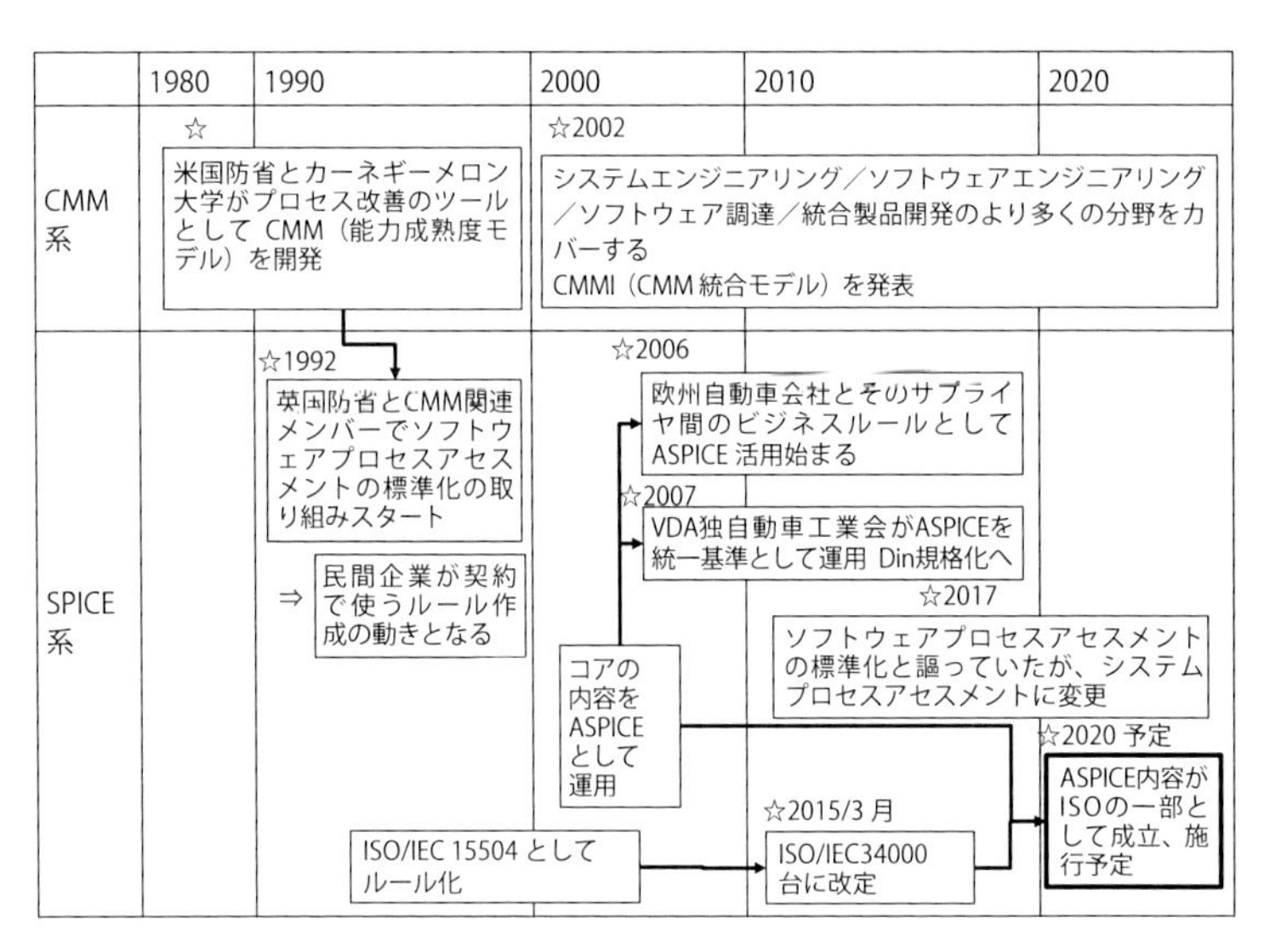

図8・3　CMMIとSPICEの歴史

行は二〇二〇年を予定している。原稿を執筆している現在は、新型コロナウイルスの蔓延で経済活動に影響があることから、ISO施行に多少の遅れが出るとしても、既に全世界展開が進行していることになる。

二十年から三十年かけて成立したビジネスルール

図8・3にCMMI、ASPICE成立の流れを示す。現在（二〇二〇年）から三十年以上前の一九八〇年代に、既にこのプランがスタートしていたことが分かる。アメリカからイギリスへと流れは移ったものの、同じ開発メンバーが対応した。その後、VDAに主導が移ったものの、三十年間、主義は一貫し、その間にさまざまな課題の解決と適応する範囲の拡大を行いながら、ビジネ

スルールとして活用を促進している。

ＡＳＰＩＣＥによるプロセス標準化

自動車の開発が、部品の電子化、安全運転のシステム化、ネットワークとの接続などで電子部品数が巨大になったことは第四章で説明した。このため、自動車開発の内容が制御アルゴリズムと電子部品の設計において大きな割合を占めるようになっている。ソフトウェアの契約やプロセスアセスメントなどを規定したＡＳＰＩＣＥを基本にした開発手法が必要となり、育ち普及したことになる。

この契約ルールは微に入り細に入りと言いたくなるほど、詳細に、必要項目が出来上がっているのが分かる。例えば、

・使用するアプリケーション
・データのフォーマット
・プロセス品質
・データ、モジュールモデルのＩ／Ｆ
・データの来歴
・開発対応する技術メンバーの技術＆スキルレベル
・開発途中で正確に状況の報告イベントの設定

・機密契約
・機密漏洩時の対応

などの条件が契約時にＡＳＰＩＣＥの取り決めに従った契約書が取り替わされる。

　プロセス段階ごとに行う内容も含まれるだけでなく、会社のマネージメント内容レベルもＡＳＰＩＣＥの契約項目として含まれる。ＡＳＰＩＣＥによって規定されているこうしたマネージメントの考え方が、ＯＥＭとサプライヤの契約の中に盛り込まれている。我々、日本人の商い慣習から見るとがんじがらめになった契約に見えるが、バーチャルデータの品質を考えるとこのようになるのも必然なのかもしれない。

　このような取り組みが二十年から三十年かけて形成されてきた。特に、組み込みソフトウェアの増大した時期に動き出したＡＳＰＩＣＥは既に十二年以上の歴史があり、欧州を中心としたＯＥＭとサプライヤのビジネス慣習としては定着したと言える。

八・四　デジタルデータとプロセスの保証がもたらす新ビジネスモデル

プロセス標準化がOEMとサプライヤの新しい関係をもたらす

バーチャルデータが主体になった今日、成果（開発技術とその技術の正当性）を正確に表現できることがサプライヤとOEMとの協業ビジネスの参加条件となり、そのために必要なASPICEに準拠した契約ができないサプライヤは退場を余儀なくされる。また、開発プロジェクト遂行にあたってOEMには、サプライヤに求めるアウトプットの内容と姿を契約時に明確に定義でき、そのアウトプットも正確に評価できることが必要となる。

ASPICEという規格で契約するサプライヤにとって、機能モジュール開発はそのモジュール自体がビジネス価値を持つことから、知的財産のビジネスが生まれることになる。これにより小さなサプライヤと言っても、OEMと対等なビジネスが生まれることになる。世界が目指してきたこのビジネスルールは、OEMとサプライヤがビジネスにおいて対等な立場になるという、もう一つの目的が達成した。即ち、ビジネスモデルの改革の条件としての機能を持つことになる。

バーチャルエンジニアリング時代になり、データと開発・設計段階のプロセスが重要項目となってきた。従来、製造したモノの品質が注目され、製造品質が品質評価の考え方であったと思われる。新たな時代ではデータ品質とプロセス品質が重要な品質評価項目となり、その考え方の構築と普及が今後の品質基準を示す展開となりそうである。

二〇二〇年が分岐点

「開発プロセスとプログラムの品質保証」の契約ルールとして育ってきたSPICEは、二〇一七年より「開発プロセスとシステムの品質保証」となった。システムの中にはハードモジュール、部品などが含まれることから、工業製品全てをシステムと見なすことになる。このため、ソフトウェアの品質保証の契約ルールとして成長してきたSPICEは、ハード部品も含めた工業製品全ての品質保証の契約ルールという位置付けになった。

「開発プロセスとシステムの品質保証」を理解した上でSPICEを用いた契約手法が、日本ではほとんど普及していないと言える。日本では3Dモデルの流通やデジタルビジネスの遅れを生じており、それらが普及の進んでいない理由と思われる。SPICEのコアの部分がASPICEとして欧州中心の自動車メーカとサプライヤの契約条件として普及しているが、その内容がISOとして二〇二〇年に施行が開始される予定だ。これにより、欧州中心のローカルルールが世界中で適用されるインターナショナルルールとして拡げられる。また、自動車産業での適用が主であったのが工業製品全てに絡んでくることになる。それが二〇二〇年なのだ。日本が置いてけぼりになる懸念が生じている。

バーチャルテスト認証も二〇二〇年スタート

ご存知のように、工業製品には型式認証という制度が適用される。各国各地域の機関が最低限度の法規・技術要件・安全性を満たした工業製品に認証を与える制度である。携帯電話などの通信機器や自動車、電気用品など、同一の規格・仕様で量産される工業製品に対して適用されるが、個々の製品に対して個別に認証するのではなく、型式に対して認証が与えられる。

一般的に、型式認証は特定の国で製品の販売許可を得る際に要求されるものであり、そのため求められる要件は国ごとに異なる。自動車の型式認証は従来、実車に対する実際のテスト結果と、スタジオで撮影した形状写真を各国当局に提出していた。ところが数年前から欧州における型式認証では、実車ではなく、VRによる形状を表現したデータの提出が認められるようになった。

バーチャルテスト認証（VT認証）の成否を握るのは、提出するデータ品質である。データの信頼性が低ければVT認証は成り立たないからだ。従って、今後OEMとサプライヤ間、あるいはサプライヤ同士で受け渡しするデータの品質を証明することが求められることになる。既に、欧州OEMとサプライヤ間の取引では、ＡＳＰＩＣＥに準拠した契約が求められるようになっており、ある意味常識となっている。それぞれの企業の開発プロセスがＡＳＰＩＣＥを遵守しているという証明が取引条件として必須となり、強力な〝規制〟になると思われる。

そのＶＴ認証が二〇二〇年より新たな展開となる。それが、完全ＶＴ認証のスタートである。

欧州中心に用いられている型式認証の国連法規であるＵＮＲは、欧州議会がシナリオを描いているＶＴ認証のプロジェクトと連携して動いている。日本をはじめ、世界の半分以上の国が用いているこのＵＮＲは国連法規「車両等の型式認定相互承認協定」として一九五八年に制定され、「58協定」と呼ばれている。この協定は何度か改定されているが、最近では二〇一六年六月に改訂版が発行された。それまではこの法規にＶＴ認証の取り決めはなく、「バーチャルテストを認可に使用することは原則できない」ことになっていた。そのため、ＶＴ認証の可能な項目は個別に検証し、その許可された項目はその手法も含めた内容の官報を発行し、個別に各項目に対応してきた。これが、二〇一六年の改定には「仮想テストvirtual testingの可能性の導入」と記述されている。施行は二〇一七年五月からであるが、これによりＶＴを認可に使用することは原則ＯＫとなった。

このような背景を知った上で、**図8・4**を見て頂きたい。この図はＥＵ議会がマネジメントする産業育成プログラムであるフレームワークプログラム（ＦＰ）の設定するプロジェクト&ワーキングの一つのＩｍｖｉｔｅｒプロジェクトで発表されたロードマップである。これによると、二〇二〇年よ

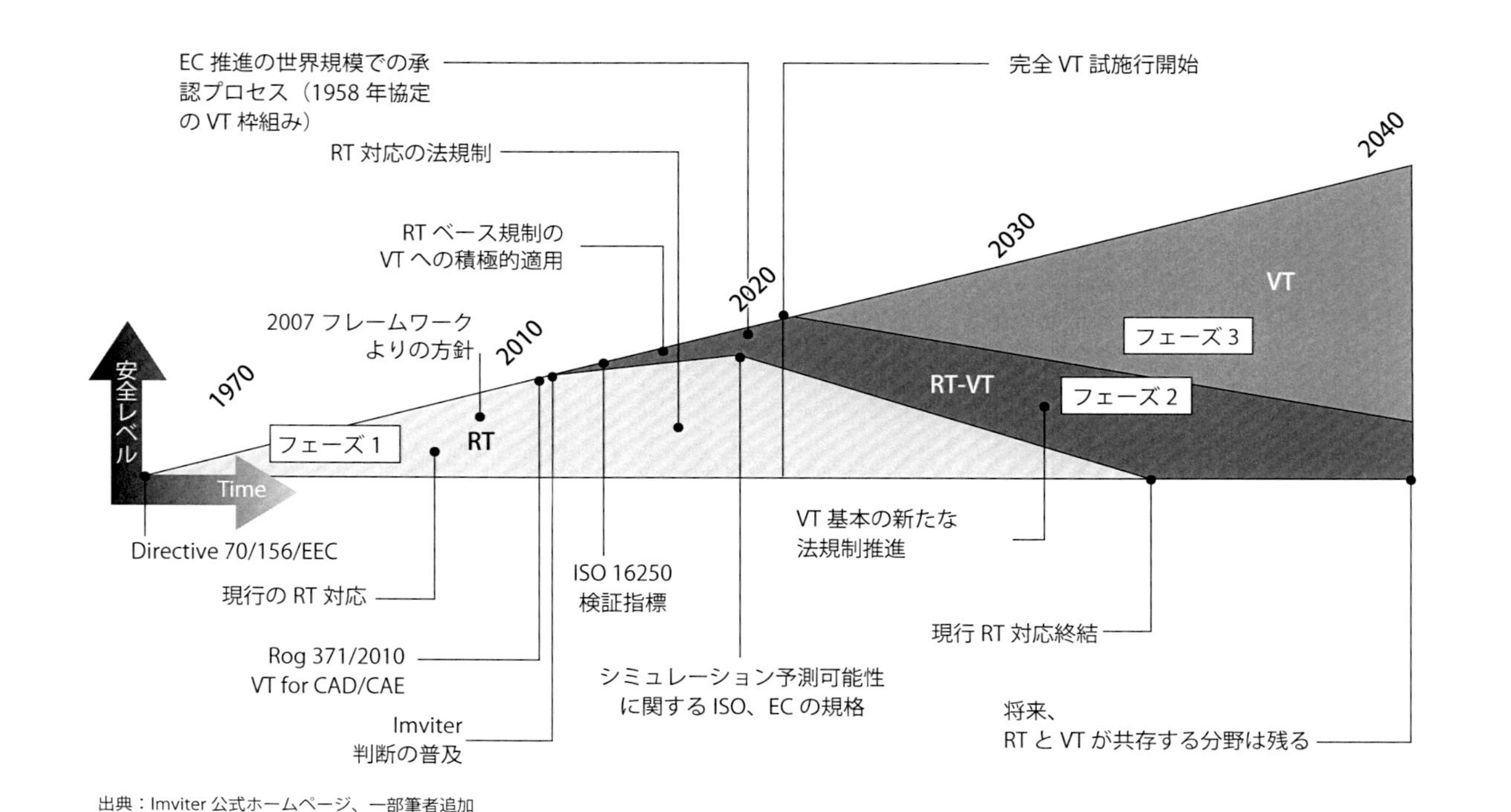

『機械設計』（2019 年 12 月号、日刊工業新聞社「バーチャルエンジニアリングの衝撃　第 12 回）より

図8・4　2012年に発表されたVT認証ロードマップ

り完全ＶＴ認証が始まることを示している。

実はＶＴ認証の成立のため、ＥＵ議会は二十一世紀に入ると同時に、いくつかのプロジェクトとワーキンググループを継続的に設定し、実現を目指していた。これらの活動の結果、既に二〇〇八年頃までには技術的目途がほぼ成立し、二〇〇九年に、型式認定制度の法整備を目的とするＩｍｖｉｔｅｒプロジェクトが起こった。このプロジェクトはＶＴ認証を制度化するための活動であり、ドイツやフランスなどの自動車メーカ、世界の大手ＣＡＥソフトウェア会社、大学も含めた欧州の公的研究機関、民間研究機関、認可機関などが参加している。このプロジェクトのアウトプットとして発表したロードマップに完全ＶＴ認証のスタートが二〇二〇年となっている。

バーチャルデータの信頼性保証

完全ＶＴ認証にしろ、部分的なＶＴ認証にしろ、用いられるバーチャルデータの信頼性が重要なポイントとなる。データを保証する約束事が実施されないと、バーチャルデータではなくフェイクデータを用いた解析結果で認定を受ける不正も発生することになる。ここにＳＰＩＣＥを中心とした契約ルールが機能してくる。この契約ルールに従ったバーチャルデータのみ信頼性が担保されたデータの扱いを受けることになり、ＶＴ認証を受ける条件になる可能性がある。二〇二〇年はデータ、システムの信頼性の基盤となっているＡＳＰＩＣＥのＩＳＯ化と、完全ＶＴ認証がスタートする年である。

この双方が欧州の産業界から生まれた制度であり、連成していることは疑いがないと言える。

これらの契約ルール、確認ツールが第七章で説明した「プロジェクト参加型モノづくりのプラットフォーム」のビジネスには必須となると思われる。同様に、開発プロセスの途中段階のアウトプットの内容が契約上、明記される。ＯＥＭ側も途中段階のそのアウトプットを正確に評価できることが前提である。この途中段階のアウトプットを契約上、明確にすることと、正確に内容と価値を評価できることで新しいビジネスモデルが動き出した。それを次章で説明する。

第九章

ステップ別開発参加型モノづくりプラットフォームビジネス

九・一　OEMとサプライヤの新たな協業へ

第七章で説明したが、開発段階の協業に参加したサプライヤは大抵の場合、設計仕様を担当したそのモジュール、部品の大量生産を受け持つ。大量生産を受け持つことで、そこで得られる対価で設計協業時の費用を帳消しすることになる。あくまでも、大量生産を受け持つことで成立するビジネスが前提で、生産物の対価の中に設計費用が含まれるビジネスである。**図9・1**は従来行われていた日本のOEMとサプライヤの協業を示している。

量産受注する目的のため、従来の日本のこのやり方では開発段階の協業開発費はサプライヤ側が持ち出し、タダも辞さないやり方であった。

これに対して現在の欧州サプライヤを中心とした欧州自動車産業では、開発プロセスを各段階に分け、それぞれの段階でのサプライヤが何を全うすべきかが明確になった契約を行い、そのアウトプットに対して対価を支払うやり方が普及し始めた。第七章で説明したプロジェクト参加型モノづくりプラットフォームとの違いは、開発プロセスを各段階に分けて、サプライヤの得意分野のみへの参加が可能になったことである。

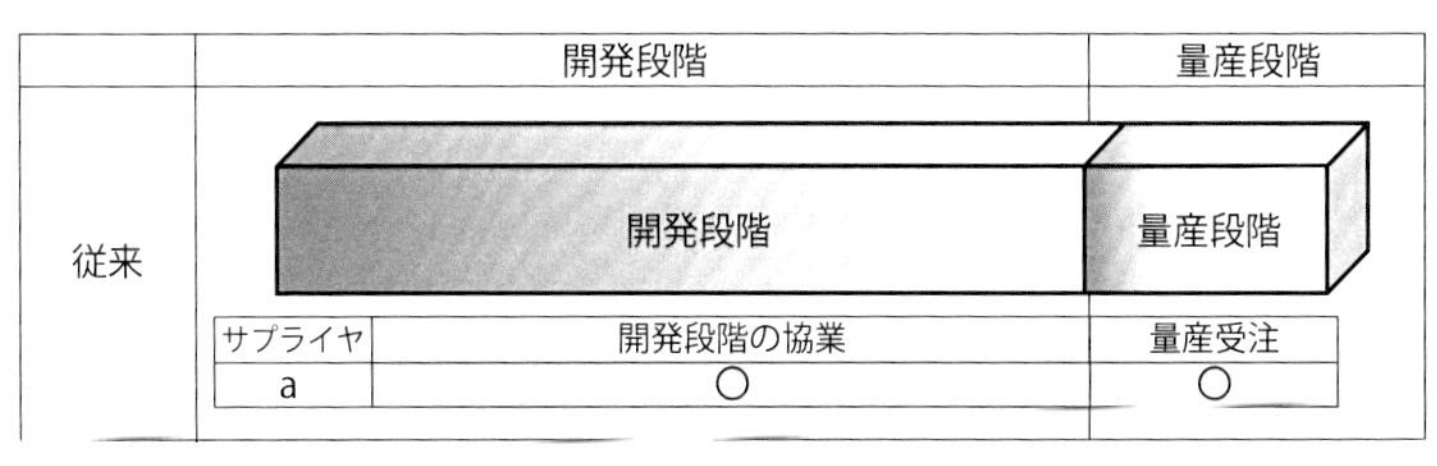

図9・1　日本のOEMとサプライヤの協業

日本ではタダであった開発段階協業が、新たなビジネスモデルへ

設計を請け負うビジネスモデルは、建築物のデザインコンペなどで見ることができる。例えば、東京オリンピック会場となる国立競技場のデザインコンペでは、各設計事務所の提案するデザインが揃った。見る側にとってはオリンピック開催に向けて気持ちが膨らんだが、設計事務所にとっては、死活問題の一つかもしれない。なぜなら、国立競技場のデザインコンペでの正確な対応は知らないが、一般的な建築デザインコンペへの参加だけでは、コンペフィーを受け取ることがほとんどないという。優勝した設計事務所には多額のデザイン料が入るのだろうが、落選したデザインにはそのデザイン料は払われない仕組みだという。このデザインに掛かった費用は各設計事務所の自腹となる。

前述したモノづくりの開発の協業活動費も持ち出しだが、量産を受注することでその費用を取り戻すことのできるサプライヤより、建築物のデザインコンペに参加する設計事務所の方が金銭的に厳しいと思われる。この建築のデザインコンペはモノづくりでいう企画、コンセプト、構想設計のグランドデザインの受注のように思われる。これらの早い設計段階の受注は従来、モノづくりの分野では行われることは少なかった。

このモノづくり開発段階における開発協業ビジネスが、一新し始めた。二〇一〇年以降、欧州から世界に拡がりつつある開発協業ビジネスモデルでは、各サプライヤが参加する設計コンペのようなやり方だ。コンペで提案した設計仕様は採用されないとタダになると思うだろう。それが、このコンペに参加するサプライヤはシッカリと契約した額が支払われる。そのため、この設計コンペに参加するための契約が必要となる。また、設計コンペという言葉ではなく、設計コラボレーションを行っていることになる。参加することを認められ、その参加契約ができると、それなりの設計料が支払われるビジネスなのだ。支払方法はロイヤリティなどの選択肢を契約で決める。

バーチャルエンジニアリング環境とそれに合わせた契約ルール施行が前提

日本では、開発段階での重要なモジュールの開発協業への参加サプライヤはモジュールごとに対応が分けられ、重要なモジュールに対しメーカを限定する例が多い。例えば、油圧クラッチモジュールはサプライヤa社を中心としたり、ブレーキモジュールはサプライヤb社を中心とするように、当初からメーカを限定する動きがあった。それに対し、新たに始まった欧州自動車産業の動きでは**図9・2**のように開発の各段階ごとに複数のサプライヤが並行して参加する。OEMやメガサプライヤは、

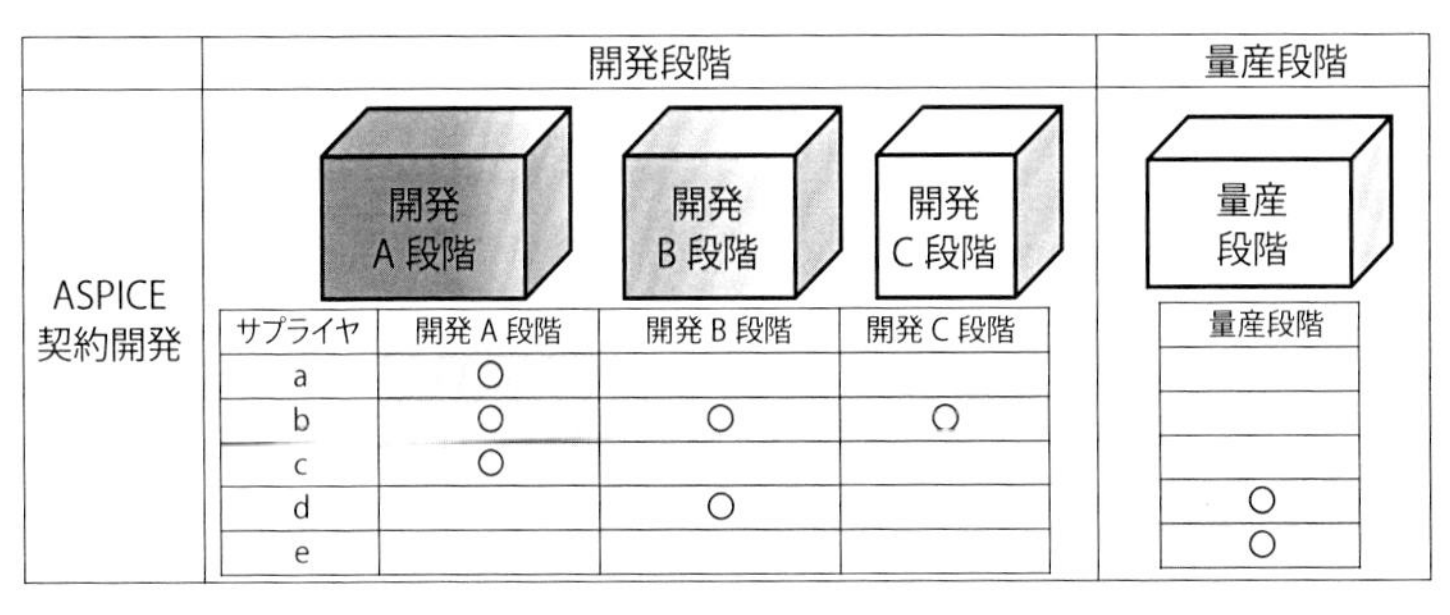

サプライヤ	開発 A 段階	開発 B 段階	開発 C 段階	量産段階
a	○			
b	○	○	○	
c	○			
d		○		○
e				○

図9・2　最新の欧州OEMとサプライヤの協業

各段階の各サプライヤに開発費用として契約に従った額やロイヤリティ契約で支払うことになる。図9・2をもう少し詳細に説明すると、自動車の開発プロセスをA段階、B段階、C段階の三つに分けたとしたら、ここで言うA段階、B段階、C段階はバーチャルエンジニアリング環境で仕様熟成されるモジュールモデルの熟成レベルと考えて頂きたい。すなわち、このビジネスモデルはバーチャルエンジニアリング環境の中で行われていることが前提である。ここで言うアウトプットは、設計開発されるモジュールモデルである。

ステップごとの契約

参加しているサプライヤがA段階からB段階へ進むか否かの判断は、ＯＥＭまたはメガサプライヤ側に委ねられる。自動車メーカやメガサプライヤであるＯＥＭは、各段階の開発終了時にその結果であるモジュールモデルを評価し、次段階にそのサプライヤと再び契約するか否かを判断する。その評価判断の結果、サプライヤによっては次の段階へは進められず、契約が終了となる。段階ごと、つまり契約ごとにゴールの内容が明確化しており、問題解決を先送りするようなことのない仕組みになっているのである。

次段階では、ＯＥＭまたはメガサプライヤは再びいくつかの新たなサプライヤと契約することになる。その時、前段階でのサプライヤが受け持った開発の技術成果（開発した技術、その結果に至ったプロセス）をそのまま次の新たなサプライヤへと引き継ぐことができる。それは技術の先願内容、特許などの知財権は契約されており、その技術が引き続き活用される時、契約に従った技術料が支払われるからだ。

各段階での技術評価からそのサプライヤが次段階へ進めることができなくてもサプライヤのアウトプットされた技術の知財権は保証される。それなりの技術的なアウトプットであれば、次ステップでの技術内容として採用となり、知財権も手に入る。そのアウトプットのモジュールは他のＯＥＭへの販売も可能となる。一方、アウトプットレベルが低く評価されてしまった場合、開発参加費は入るものの、モジュールパフォーマンスの評価がないことから知財権としての販売競争力は手に入らない。それに加え、次ステップの設計参加の契約も結べなくなる。このため、このようなビジネスモデルの設計参加は常に技術向上を心がけ、開発に参加契約したサプライヤは、最高の設計仕様検討案を出す必要がある。プラットフォーム提供側のＯＥＭは高い競争力の設計アウトプットをサプライヤと協業することで手にすることになる。常に設計検討レベルが向上するスパイラルアップのビジネスモデルと言える。

この手法は、我々日本人の商慣習からは想像しづらいものであるが、欧州のみならず、中国・東南アジアや他の新興工業国を含めた世界では主流となってきている。従来、日本でＯＥＭとサプライヤが開発協業を行う時、過去に協業経験のあるサプライヤを中心に選ばれる。大抵は、この選ばれたサプライヤが部品・ユニットのモジュール開発から量産までを一貫して受け持つことがほぼ慣習のようになっていた。このような日本の産業が行ってきたのとは対照的なビジネスモデルと言える。

九・二　ＯＥＭとサプライヤの技術の戦い

ＯＥＭ側は正確に評価する技術と契約する技術を持つことがＭＵＳＴ

図9・3を見て頂きたい。契約に従い、各開発段階のプロセスが正確に施行していることをＯＥＭ側はチェックする。また、ＯＥＭ側は各段階終了時のアウトプットが契約時に指定した目標の結果になっているかを正確に評価するなど、途中のプロセスとアウトプットを正確に評価する技術力と管理力が要求される。サプライヤ側も契約ルールに従ってプロセス対応する技術力がなければならない。

ＯＥＭもサプライヤも最先端の技術レベルを持たないとできないビジネスモデルとなる。

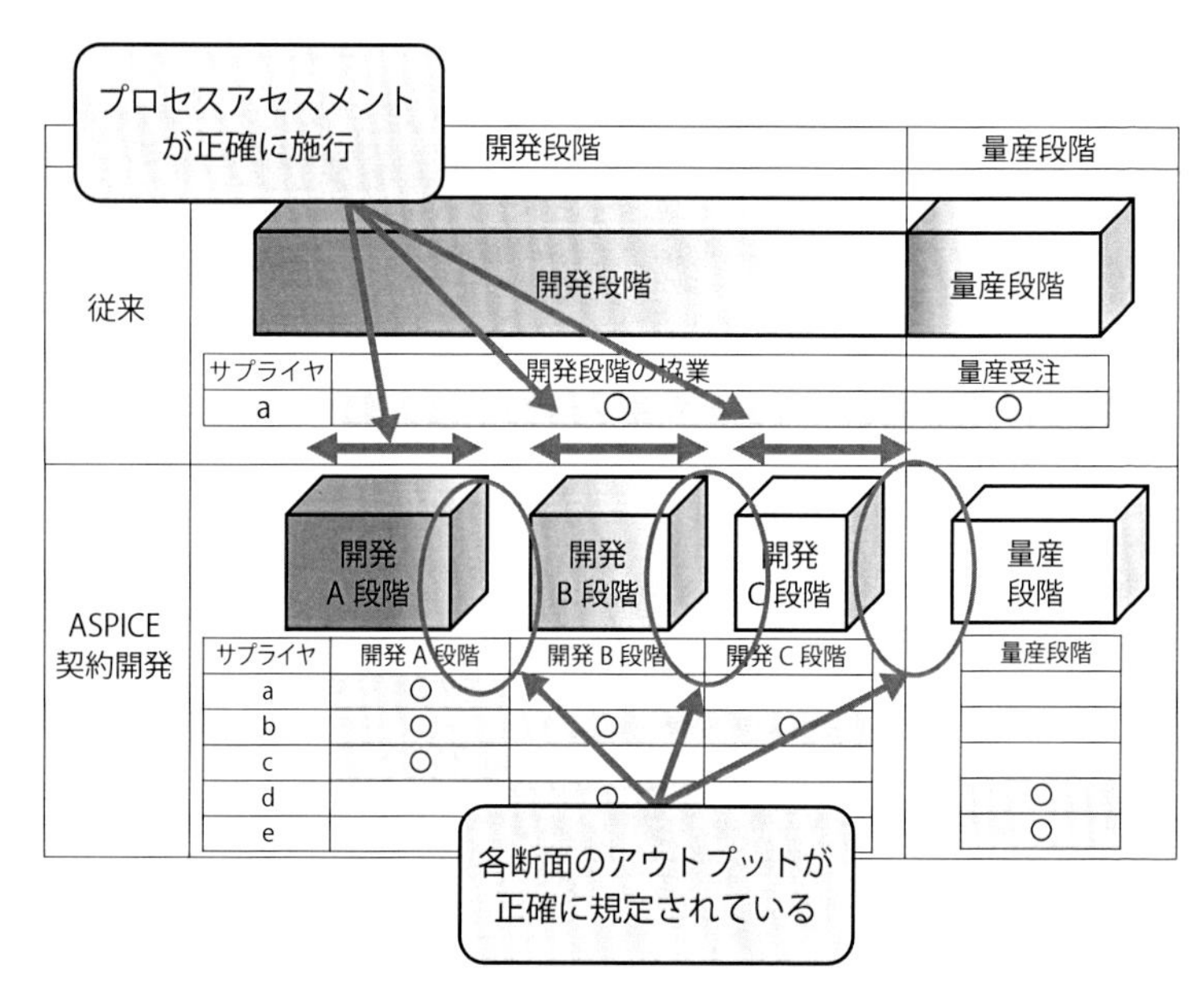

図9・3　各段階プロセスアセスメント

これらの各プロセスアセスメントのチェックと、各開発段階終了時のアウトプットをチェックする手法などは自動車産業であればＡＳＰＩＣＥに規定されている。前章でＳＰＩＣＥについて説明したが、各産業別のＳＰＩＣＥの契約ルールが既に用意されている。例えば、医療機器産業であればＭｅｄｉ－ＳＰＩＣＥという契約ルールとなる。各サプライヤの体制、開発プロセス、テスト手法などが契約ルールを結ぶことで標準化される。そのため、契約ルールを通して、ＯＥＭとサプライヤは互いの技術レベルと要求目標に対しての信頼性を共有することになる。これが現在、欧州から世界に普及しつつあるＳＰＩＣＥを用いた開発プロセスとデータの信頼性を保証する環境である。

これにより、ＯＥＭもサプライヤもルールに乗っ取った開発プロセスが展開可能となる。このため、ＯＥＭとサプライヤにＷｉｎ－Ｗｉｎの結果がもたらされることになる。重ねての話になるが、これらの契約ルールの基本ＡＳＰＩＣＥは二〇二〇年よりＩＳＯとなり、自動車産業だけでなく、一般の製造業での施行が始まると言われている。

日本企業も既に参加していた

二〇一七年以降、このようなビジネスモデルはソフトウェアの分野からシステム分野まで適用が拡がった。ここで言うシステムは、第七章で説明したが、ブレーキシステム、変速システム、サスペンションシステムなどで言われるようなハード部品と制御装置を含めたモジュールである。これらのシステムを受注していた日本のサプライヤの一部には、欧州のこのビジネスモデルに対応できずに失注した企業もあると筆者は聞いている。

ある欧州ＯＥＭの開発プロジェクトの例では、その開発のＡ段階に日本から二社、中国から一社の合計三社のサプライヤが参加したという。しかし、Ａ段階での協業を終了したのち、次のＢ段階も契約できたのは日本の一社と中国の一社だけであった。残りの一社の日本企業は外されることになったのである。外された理由は、Ａ段階の開発の「プロセス品質」が不足していると判断されたのである。

生き残ったもう一社の日本企業によれば、たまたま社内にASPICEによる契約の仕方を熟知したリーダーがおり、契約に準拠したプロセス品質とアウトプットを提示できたことが大きかったと言う。

OEMとサプライヤの技術の戦い、それがビジネス

欧州、そして世界の主流となるこのようなやり方は、段階ごとに技術アウトプットを他のサプライヤも使える。その結果、各段階の終了時の技術結果はそのまま違うサプライヤが正確に引き継ぐことが可能となる。

欧州では、新しい技術項目や、特殊な技術分野をサプライヤやOEMの設計サポートする設計事務所が存在する。ある設計事務所のプロジェクトリーダーと話をしたことがあるが、「このようなプロジェクトでお互いの会社が良い結果をもたらす時は、双方の人間関係で気持ちの良い仕事の推進とはならないのが普通だ。大抵は、お互いの技術と利益の戦いになるのだから、嫌な思い出が残る。それがビジネスだ」ということだった。五年以上前に聞いたことなので正確に覚えていない部分があるが、会社間では良い結果が得られても、双方の人間関係は別物のようになっているように思えた。逆に、それほど厳しい技術戦争が行われていることになっていると感じたのは筆者だけではないだろう。

第十章

欧州の政策を振り返る

第四章、第七章、第九章でモノづくりのプラットフォームビジネスを説明した。

・カタログ化されたモジュール仕様情報活用による工場制御盤開発技術
・OEMのバーチャルモジュール連携プラットフォーム提供による新たな開発プロジェクトの姿
・価値の高い企画、設計、開発を切り分けて技術構築するステップ別ビジネスモデル

これらは、バーチャルエンジニアリング環境の充実で行うことができるビジネスモデルである。

バーチャルエンジニアリングの基盤環境を考えると次の三つの技術に行き着く。

①基盤データである3Dバーチャルモデルの活用技術
②個々の3Dバーチャルモデルを連携し、ビジネス展開とする連携技術
③企業間を越えた3Dバーチャルモデル連携の機密と知財権活用の契約技術

十・一　欧州で行ってきた社会システムの変革

各企業、各組織の開発する製品モジュールの機能技術とは別に、各モジュールを連携させて活用するための技術として、モジュールモデル間を連携するI／F技術の構築、モジュールモデルデータの標準化、データの信頼性を担保する形成時のプロセス、その状況を保証する契約手法など、ある意味、社会インフラのように思える分野の技術確立が必要であり、それが二〇一〇年までに既に終了

し、普及活用されている。

　これらのスタートが第二次世界大戦後のアメリカの経済拡大展開や、一九五〇年代後半から始まった日本の高度成長期の中で、それらに対抗すべく欧州が産業育成のシナリオをつくり、欧州共同で産業の新たなリーダーシップを取ることを考えていたことになる。それらの具体的な動きとして、欧州はEU議会で作成する産業育成シナリオのフレームワークプログラムを一九八〇年代に始める。また、アメリカ国防総省の調達部門の要望から生まれたソフトウェアの開発プロセスマネージメントチェック技術にもいち早く注目し、その開発の中心メンバーをイギリスに招聘し、新たな契約ルールを構築、改善、普及を欧州全体で展開した。その結果、二〇〇五年頃より欧州工業界の一般契約ルールとなった。また、開発、モノづくりの基盤である3Dデータを中心としたデータの標準化、I／F、機密技術といった開発基盤のデータ連携技術は、欧州の推進団体が中心となり、決めてきた。3D設計基盤である3DCADの三大ベンダー（Siemens、Dasault、PTC）のうち二社は欧州の企業だ。

　その後、モノづくりの分野を中心に、欧州が静かにリーダーシップをとり、世界展開してきた。二十～三十年かけてモノづくりの新たなやり方をサポートする社会システムを形成してきたのである（図10・1）。

　それらを列挙すると、

・教育内容
・ISO、IEC、DINなどの規格
・バーチャルエンジニアリングのプラットフォーム
・バーチャルエンジニアリングのコンサルタント会社の充実
・設計の新たなビジネスモデルの構築
・サプライヤの育成など
と枚挙にいとまがない。

欧州議会の産業育成シナリオ：フレームワークプログラムFP

列挙した内容は、EU議会を中心として作成された産業育成プログラムに従った結果であると言わざるを得ない。それでは、その欧州のシナリオはどのようなものなのか。それを説明したいが、三十五年以上の歴史があり、とても筆者が全貌を説明できるようなボリュームではないので一部のみを簡単に記述する。

一九八四年にスタートさせた、NthFP（Framework Programmes for Research and Technological Development：研究・技術開発フレームワーク・プログラム）と呼ばれるヨーロッパの産業分野支援プログラムがEU議会の壮大な産業育成計画シナリオとなった。二〇一三年に七番目

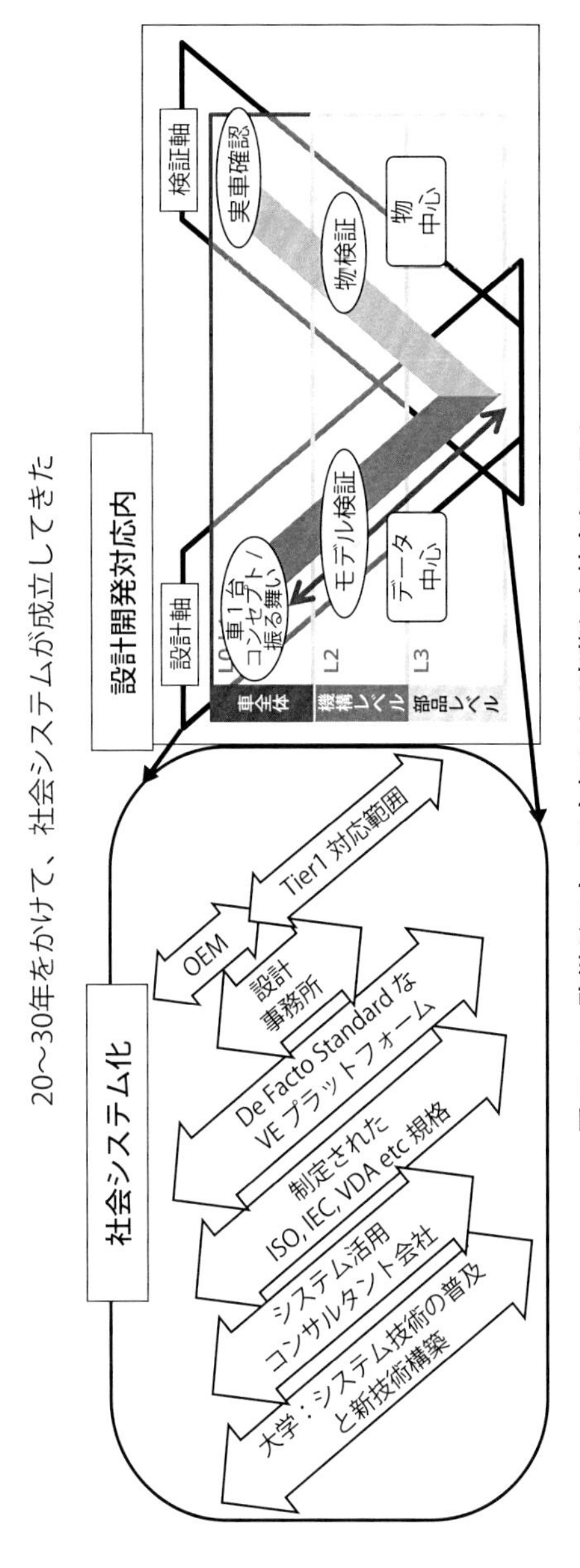

図10・1　欧州が二十～三十年かけて変革した社会システム

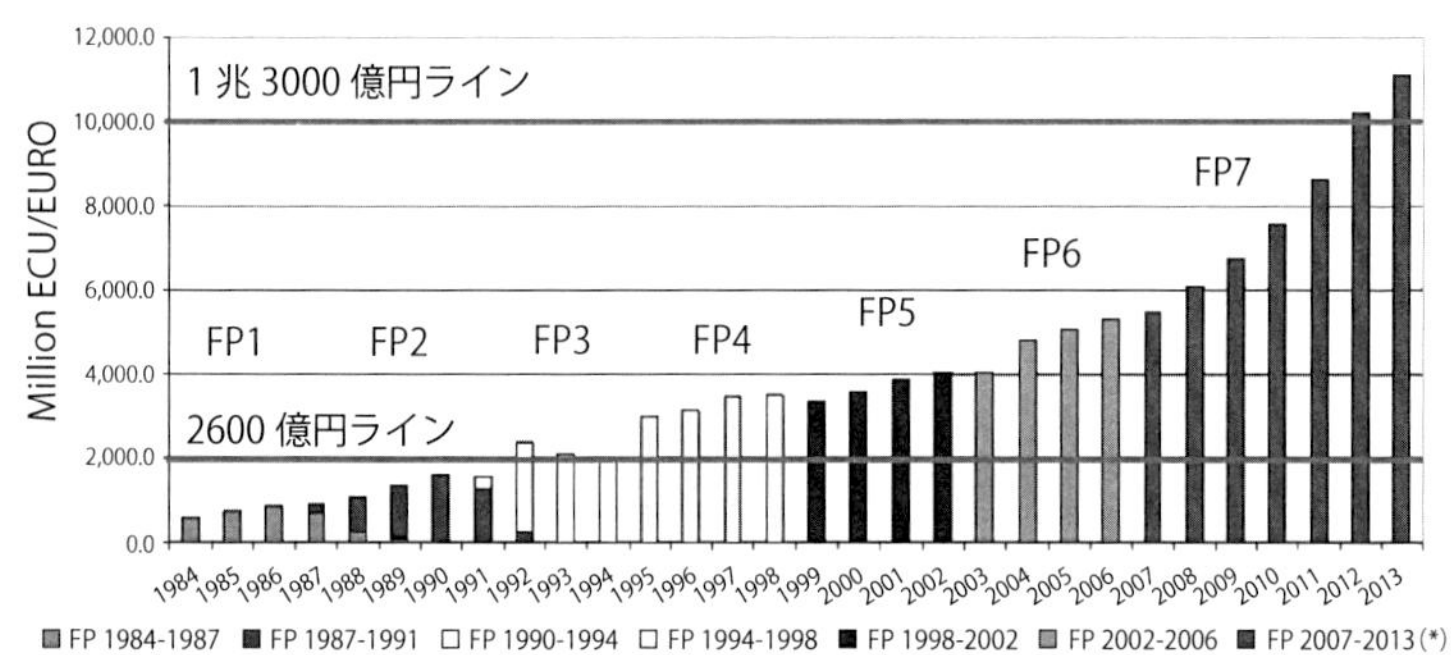

出典：FP7 ホームページ

図10・2　フレームワーク予算推移

のプログラムＦＰ７が終了し、現在は八番目のＦＰプログラムのHorizon2020（2014–2020）が動いている。

図10・2はこのプログラムに絡む予算の動きである。一九八四年の予算に対し現在では数十倍に成長している。この予算の意味は欧州議会が提案するプログラム項目に絡んだ研究を行っている欧州の研究機関、教育機関などが一年間の活動費用を全て算出した形になっている。このため、欧州議会が投資した研究費ではなく、欧州各国が投資した研究費のうち、欧州議会のプログラムの研究提案に一致した項目がどれだけあるかと言う風に考えると分かりやすい。

このため、数十倍に成長したこの動きは、欧州全体がこの欧州議会の提案するプログラムの考えにフォーカスしてきたと言える。この三十年の中で、研究・技術開発の方向性が共通化されてきた結果と思えると同時に、欧州全体の結束の強さが分かる。

EUREKAも動いていた

フレームワークプログラムFPがEU議会発の産業育成シナリオに対し、EUREKAは研究開発と事業化のための欧州の共同体である。政府と企業がより良い関係で展開するための欧州先端技術共同研究計画と言われている。

設立は一九八五年七月であり、三十五年以上の活動である。この構成の中に、EUの中の欧州委員会と欧州の二十七の加盟国が参加、ロシア、カナダ、韓国なども加盟し、四十一のメンバーで構成されている。EUREKAは欧州連合下の研究計画ではないが政府・国家間を越えた存在として、今日に続く。次に説明するModelisar、ITEA2などとの関連を**図10・3**に示す。

Modelisar

Modelisarというプロジェクトが存在した。Modelisarは二〇〇八年から二〇一一年にかけて行われた欧州が設定したプロジェクトである。このプロジェクトの目的は大きく二つあり、一つは各機能モジュールのシミュレーションモデル間を連携する標準化されたI／F規格を開発することと言われている。これは開発データ連携プラットフォームに連携するモジュールモデル間の標準化されたI／Fそのものである。

もう一つは、現在ではDe Facto Standardとして活用されている自動車用ソフトウェアアーキテクチャAUTOSAR（Automotive Open System Architecture）を普及推進することである。これらのアウトプットについては第六章で説明したので、本章では割愛する。

各活動の関連関係

再度、図10・3を見て頂きたい。欧州議会の産業育成プログラムFPと欧州先端技術共同研究計画EUREKAの傘下でソフトウェアのイノベーションを起こす業界主導のプログラムITEA2を設定した。ITEA2は「ソフトウェアのイノベーションを起こす業界主導のプログラム」として設定されており、そのシナリオで、欧州の各国と各業界と各企業がイノベーションを起こすために予算と人を出したプロ

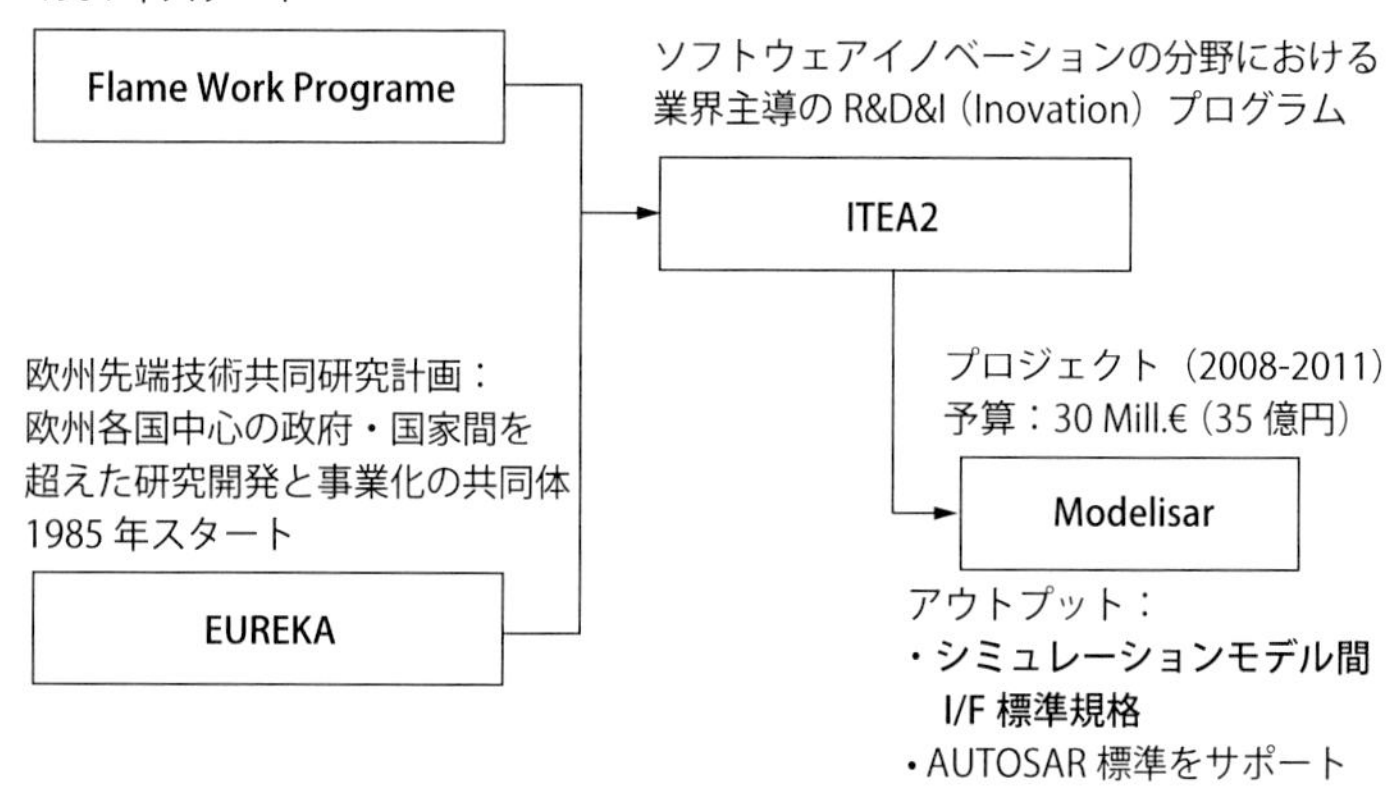

図10・3　各活動の関連関係

ジェクトがＭｏｄｅｌｉｓａｒなのである。Ｍｏｄｅｌｉｓａｒプロジェクトのアウトプットの一つが「シミュレーションモデル間Ｉ／Ｆ標準規格」である。このアウトプットを手に入れるために、第六章で説明したように二十九のパートナーと三十五億円を集めたのである。

Ｍｏｄｅｌｉｓａｒのようなプロジェクトはいくつか設定されており、その数と規模を筆者は調べ切ってないのが残念だ。

十・二　欧州と北米のモノづくり推進機関

(一)英国のモノづくり推進普及機関：ｔｈｅ ＭＴＣ

イギリスが国家のモノづくり推進センターとしてモノづくり推進普及機関（ｔｈｅ ＭＴＣ：the Manufacturing Technology Centre, http://www.the-mtc.org/）を二〇一〇年に設立し、二〇一一年に稼動させた。このｔｈｅ ＭＴＣは〝ＣＡＴＡＰＵＬＴ〟というイギリスの技術的な国家施策の一つとして設立された。このＣＡＴＡＰＵＬＴのホームページ（https://catapult.org.uk/）を眺めると「ＣＡＴＡＰＵＬＴは、イギリスの強みのある分野における、生産性と経済成長を促進し、世界をリードするためのイノベーションテクノロジーネットワーク」と記述されており、ｔｈｅ ＭＴＣはそのネットワーク組織の一つの位置付けらしい。

最新のモノづくりの技術をバーチャルエンジニアリング中心に普及展開し、それだけでなく、次世代技術も含めた最新の技術の構築も行う国家のモノづくりへの期待を込めた組織のようだ。二〇一三年時点で既に目標を大きく上回る業績を達成し、当時のイギリス首相キャメロン氏も視察するなど、政府の興味関心も高い。

内容を整理すると以下になる。

・イギリス全体の製造業における技術革新を積極的に促す役割として機能
・イギリス国内の研究機関・産業界に水平展開（ショールーム的な機能）
・先端技術を産業界に取り込む際のリスクヘッジと成功技術の横展開（人材育成・産学交流）
・技術指導には何ヶ月か通い、最新の手法を身につけてもらう。また、普及のために常に講習会、技術指導を多方面で行う
・イギリスの研究機関でできた技術を市場に出すには最新のモノづくりとマーケット戦略を行い、参加企業とのジョイントプロジェクトを進める

Ｆｕｎｄｓと技術指導

基礎研究や製品開発を行うと、次のステップへ移行する際、フェーズが変わることから、それを乗り越えることが非常に難しいことがある。例えば、基礎研究の次のステップは応用研究であり、研究

"Unlocking the future" 1988, L.Branscomb議会証言2001, C. Wessner, OECD講演資料、一部筆者加筆

図10・4 「死の谷」と「ダーウィンの海」

推進していたメンバーも体制も大きく変えないと、次のフェーズに移れない。

このように技術を構築しても、それをビジネス展開するために乗り越えなければならない課題がある。それらを一般に「死の谷」「ダーウィンの海」と呼んでいる（**図10・4**）。これらを乗り越えるため、最新技術の指導、訓練、施設レンタルなどに対しこのＭＴＣ（国）が支援を行っている。金銭面の支援（Ｆｕｎｄｓ）も行い、ＭＴＣの配布しているパンフレットに〝パトロン〟という言葉で説明している。

(二)アメリカのモノづくり推進普及機関：ＭｘＤ

二〇一〇年、ドイツのメルケル首相がインダストリー４・０を発表した。それを追うように、二〇一三年二月、アメリカのオバマ大統領が一般教書演説でモノづくりをアメリカに戻す旨の説明を行った。

その後、各技術領域別に製造イノベーション機関

	名称	領域	設立時期	所在地	HP 等
1	America Makes	付加製造・3D プリンティング	2012 年 8 月	オハイオ州 ヤングス タウン	https://www.americamakes.us/
2	Digital Manufacturing and Design Innovation Institute (DMDII)	統合デジタル設計・製造	2014 年 2 月	イリノイ州 シカゴ	https://dmdii.engineering.iastate.edu/
3	LIFT：Lightweight Innovations For Tomorrow	軽量化金属	2014 年 2 月	ミシガン州 デトロイト	
4	PowerAmerica	ワイドギャップ 半導体	2015 年 1 月	ノース・カロ ライナ州 ローリー	https://poweramericainstitute.org/
5	The Institute of Advanced Composites Manufacturing Innovation (IACMI)	先進繊維強化 ポリマー 複合材料	2015 年 1 月	テネシー州 ノックスビル	
6	Manufacturing Innovation Institute for Integrated Photonics	統合フォトニクス（光工学）	2015 年 7 月	ニュー ヨーク州 ロチェスター	https://www.dodmantech.com/Institutes/IPIMI
7	NEXTFLEX - Flexible Hybrid Electronics Manufacturing Institute	フレキシブルな 複合電子機器	2015 年 8 月	カリフォルニ ア州 サンノゼ	

図10.5　アメリカ製造イノベーション機関（MII）が企画した七つのモノづくりに関する研究機関

（ＭＩＩ：Manufacturing Innovation Institute）を設立、二〇一五年末までにデジタル製造を含む七カ所の技術研究と普及のための施設が次々とオープンしている（**図10・5**）。この中の３Ｄプリンター関連の研究機関を日本が注目し、３Ｄプリンターブームが一時、起きた。この七つの機関の内、二〇一四年二月に開設したＤＭＤＩＩ（Digital Manufacturing and Design Innovation Institute）がイギリスのｔｈｅ ＭＴＣと同じ役割である。そのＤＭＤＩＩのホームページに

「DMDIIは、最先端のデジタルテクノロジーを適用して製造の時間とコストを削減し、アメリカのサプライチェーンの機能を強化し、アメリカ国防総省の取得コストを削減するためのアメリカの主力研究機関です。DMDIIは、デジタル製造技術の開発とデモンストレーションを行い、これらの技術を主要な製造業界全体に展開して商品化します」と記述され、デジタルエンジニアリングの技術構築とその普及を目的としていることが分かる。このDMDIIは二〇一九年にMxD（Manufacturing times Digital）という名に変更するが、DMDIIは研究機関として残っているようだ。拡大展開していると思われる。

尚、MxDのホームページには「MxDは、アメリカの製造業者に、全ての部品の製造を最新の優れたものにするために必要なデジタルツールと専門知識を提供します」と記述されており、技術普及と指導的な対応機関として、新設したのではないかと思われる。

図10・6はMIIを中心とした産官学の連携を示している。このような、モノづくりの技術連携の流れに関する情報は、日本では公になっていない。

㈢ドイツの対応：Fraunhofer

イギリスのtheMTCやアメリカのMxDのように大々的に活動している新しい機関の設立は、ドイツでは行われていないようだ。政策でインダストリー4・0を発表した時には、既存の機関が連携した機能を発揮していたのではないかと思う。大学、基礎研究機関と産業界の間に位置する研

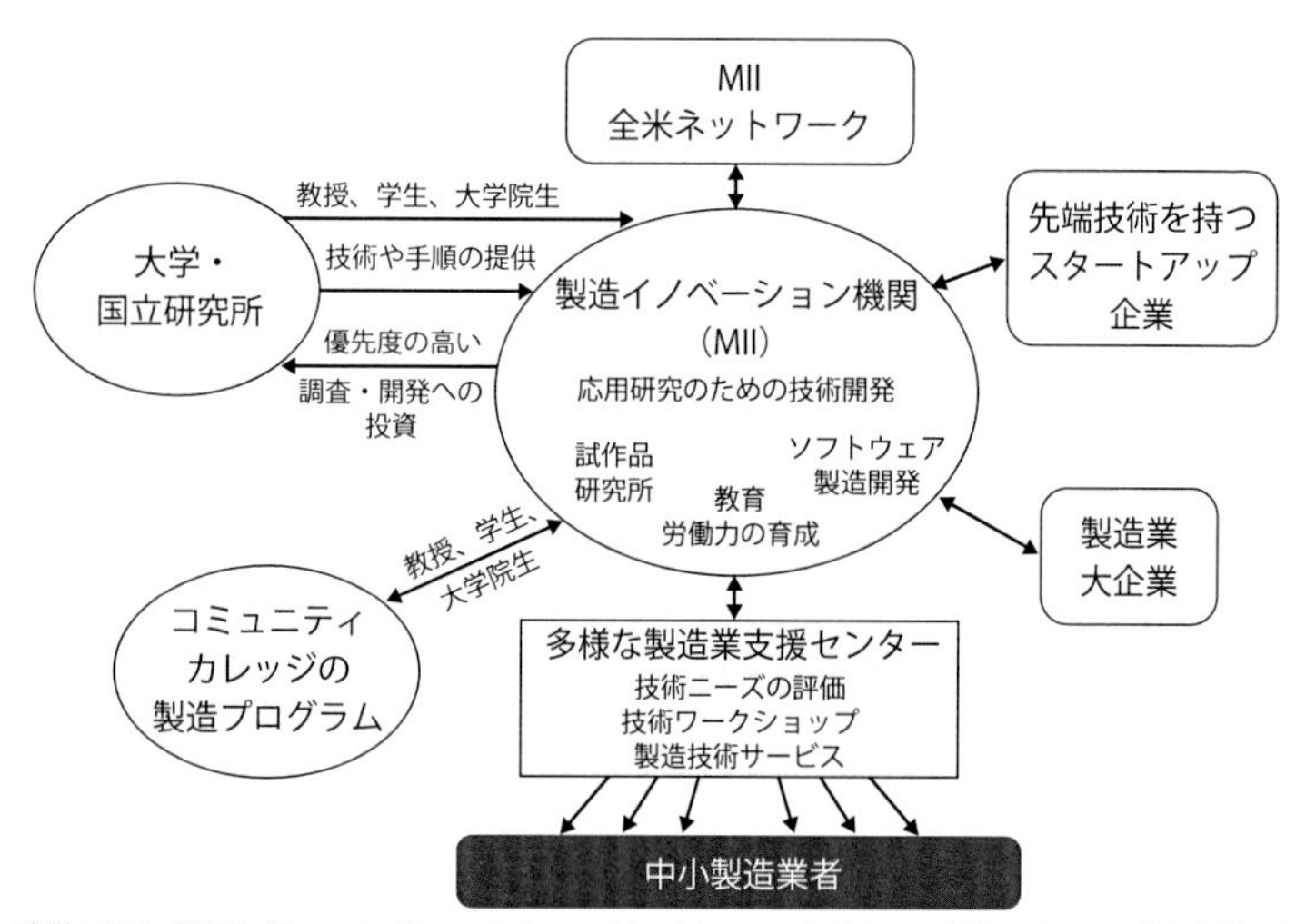

資料：AMP（2012）"Capturing Domestic Competitive Advantage in Advanced. Manufacturing" を和訳の上経済産業省にて作成

平成27年度産業経済研究委託事業：人工知能等の技術変革を踏まえた海外企業及び各国政府の取組に関する調査研究 2016年3月31日、https://www.meti.go.jp/meti_lib/report/2016fy/000301.pdf より

図10・6　MIIと産官学の連携

究機関であるFraunhofer[※3]は、技術と人材の両面において産学の橋渡し役として機能を強化している（**図10・7**）。

経済産業省公表の資料[※4]によると、インダストリー4・0の早期実現のために産官学が参画するプラットフォームを形成し、それがインダストリー4・0の研究開発、導入を推進することに働いている。当初は産業界が中心となっていたが、より幅広い課題に対応するため、二〇一五年には政府、産業界、労働組合や研究所が参加する裾野の広いプロジェクトへとインダストリー4・0プラットフォームの組織体制を再編成した（**図10・8**）。

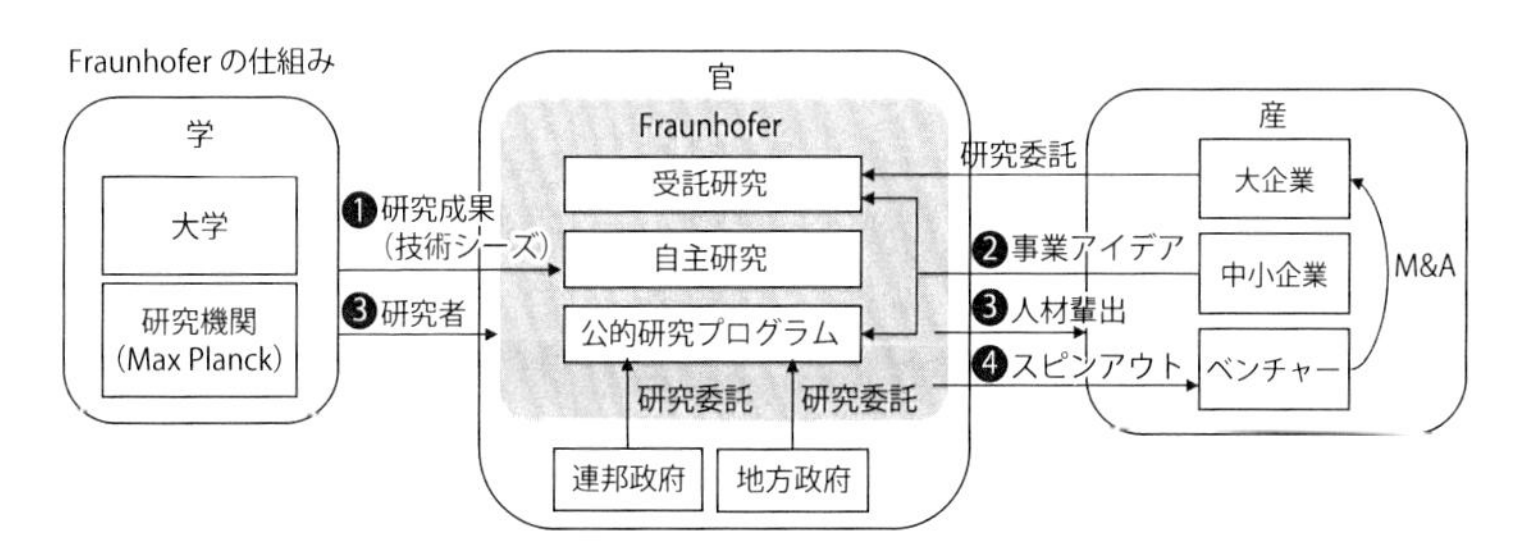

図10・7　技術と人材の両面において産学の橋渡し役機能のFraunhofer

Industry 4.0 プラットフォームの組織体制（2015 年再編後）

経済エネルギー大臣
教育研究大臣
業界の代表者、労働組合、科学的・政治的支援

技術 / 実務的専門性・意思決定

運営委員会（企業）
【体制】
■企業の代表者が運営し、経済エネルギー省および教育研究省が参画
■WG の議長やゲスト等が参加
【役割】産業戦略の策定、技術的コーディネーション、意思決定および実行

ワーキンググループ（WG）
【体制】
WG1：参照アーキテクチャと標準化
WG2：研究とイノベーション
WG3：ネットワーク化されたシステムのセキュリティ
WG4：法的枠組み
WG5：労働およびトレーニング
その他必要に応じて追加
参加省庁：経済エネルギー省、教育研究省、内務省、司法省、労働省
【役割】技術的・実務的専門性による実務

政策的ガイダンス・社会への対応

戦略グループ
（政府・産業界・組合・研究機関）
【体制】
■議長：経済エネルギー省及び教育研究省次官
■運営委員会の代表者
■連邦首相府および内務省の代表者
■州の代表者
■業界団体 *1 の代表者
■労働組合の代表者（IGMetall）
■研究機関の代表者（Fraunhofer）
【役割】課題設定、政治的運営等

学術アドバイザー委員会

市場での活動

産業界のコンソーシアムおよびイニシアティブ
【役割】市場における実行：テストベッド、適用事例創出

国際的な標準化
【体制】コンソーシアム、標準化団体（DKE その他）

サービスプロバイダとしての事務局
役割：コーディネーション、プロジェクトマネジメント、内外のコミュニケーション

*1：VDMA、ZVEI、BITKOM、ドイツ産業連盟（BDI）、ドイツ自動車工業会（VDA）、ドイツエネルギー水道事業連盟（BDEW）
出所：連邦経済エネルギー省公式ウェブサイト、Industry 4.0 プラットフォーム公式ウェブサイト等

図10・8　政府、産業界、労働組合や研究所が参加するインダストリー4.0プラットフォームの新たな組織体

欧州、北米共に二〇一〇年以降、モノづくり推進普及機関を設立し、その展開を急いでいる。また、ドイツは当初Ｆｒａｕｎｈｏｆｅｒが産学の橋渡し役を進めていたが、展開が拡がってきた二〇一五年には政府、産業界、労働組合や研究所が参加する裾野の広いプロジェクトを設定し、加速展開を進めている。日本では、欧州、北米のような先端モノづくりの技術構築と普及推進を積極的に行っている公的機関を見つけることが難しい。本書では触れてないが中国にも先端モノづくりの技術構築と普及推進の政策と公的機関が存在する。日本がどういう状況かを最終章で説明したい。

※３
Ｆｒａｕｎｈｏｆｅｒ：（https://www.fraunhofer.de/en.html）欧州最大の応用研究機関。予算の内、三十％が経営維持費として、ドイツ連邦政府と州政府から、資金提供を受けているドイツの公的機関。基本は民間企業、公共機関向け、社会全体の利益を目的として、実用的な応用研究を行っている。研究予算の主な財源は民間企業からの委託、公共財源による研究プロジェクトなどである。日本の産業技術総合研究所（https://www.aist.go.jp/）とは共同研究開発と人材交流の包括研究協力の覚書を取り交わしている。

※４
・平成27年度産業経済研究委託事業：人工知能等の技術変革を踏まえた海外企業及び各国政府の取組に関する調査研究２０１６年３月31日（https://www.meti.go.jp/meti_lib/report/2016fy/000301.pdf）
・平成28年度新興国市場開拓等事業（相手国の産業政策・制度構築の支援事業：「ＡＳＥＡＮ等」「日ＡＳＥＡＮイノベーションネットワーク」推進に向けた第４次産業革命のアジア諸国の動向に関する調査事業）（アジア動向委託調査）最終報告資料２０１７年３月17日（https://www.meti.go.jp/meti_lib/report/H28FY/000397.pdf）

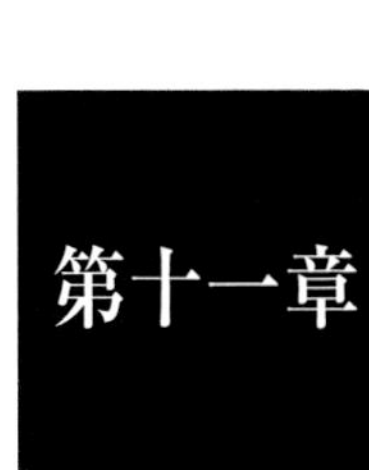

我が国の状況とこれから

本書では、モノづくりのプラットフォームビジネスとその成立を説明してきた。これらは、バーチャルエンジニアリング環境の充実で行うことができるビジネスモデルである。その三つの要素技術基盤も説明してきた。

①基盤データである3Dバーチャルモデルの活用技術

②個々の3Dバーチャルモデルを連携し、ビジネス展開とする連携技術

③企業間を越えた3Dバーチャルモデル連携の機密と知財権活用の契約技術

これらの三つの要素技術基盤の状況を知ることで、モノづくりのプラットフォームビジネスに対する我が国の状況が見える。

新たなビジネスモデルは、バーチャルエンジニアリング環境の充実で実現することができる。モノづくりのプラットフォームビジネスでは3Dの製品モジュールデータそのものが既に商品として取り引きされている。当然、3Dモデルを用いた新たなモノづくりを行う環境と機能が出来上がっていることが前提だ。ところが、日本の中で、3Dを用いた設計開発は進んでいない。なぜ進んでいないのであろうか。エピソードも含めて考察していきたい。

十一・二　3D化設計推進のエピソード

日本の自動車メーカと日本国内サプライヤがやり取りするデータの種類は、半分以上が2D図面である。第五章の図5・3を見ても分かる通り、現在、日本の中で3Dを用いた設計開発の普及はそれほど進んでいない。

ベテラン設計者の一言

二十年以上前から設計現場で聞こえてくる話題がある。大抵はベテラン設計者が3DCADを用いて設計している若手の設計者に対し、「3D設計を行うと考えなくなる設計者が出てくる。だから、3D設計は反対だ」という言葉である。こういう話をベテラン設計者が言い出すと、その部門や、組織で進めてきた3D設計化推進が止まってしまう。

今から二十年程前になるが、3D設計化体制を構築するため、いろいろと思考錯誤が行われたことがある。その時のエピソードを紹介したい。

二十年程前、世界のほとんどの自動車メーカが3D化展開の施策を発表していた。ある会社では、3D化展開を行う施策を強く展開されていたため、設計担当者への3DCADオペレーション教育が行われた。このため、各設計担当は3DCADを自由に活用することができた。ところが、設計担当の上司は3DCADのオペレーション技術を設計担当者ほど習熟せず、3DCADがどのようなものかを理解する程度の習熟度であった。このため、設計担当者が3Dで設計終了し、上司の設計検図を受ける際、その上司は「2D図を持ってこい」と言った。担当者は3D図面を、2D図面に変更して、上司の設計判断を受けた。このため、最終図はサインの入った2D図になることが多く、製品作成の図面は2D図が多かった。

設計担当者の二つのタイプ

設計担当者には二つのタイプが存在した。一つ目はタイプA。折角、3DCADのオペレーション教育を受け、3D図面で設計できるのにも関わらず、上司が2D図で検図するので、従来通り2D図設計を行うタイプ。このタイプは誰からも非難されず、従来通りの評価が得られた。

もう一つはタイプB。このタイプは3Dで設計し、上司には3D図を2D図に変換して検図を受け、そのまま2D図で出図する。このタイプはシニカルに上司の指示を聞きながら、3D図の持つ圧倒的な技術ポテンシャルを個人技術としてのみ活かした。ある意味、検討も含めて、予定より早く終了することに利用し、予定通りの期日に図面を出しながら、新しい時代の設計技術を追求することをオタクのように楽しんでいた。このため、上司も周りからもブラブラとした緊張感のない設計者と見られていた。

設計トップが活用。あっと言う間に普及

二十年前、欧州の会社とジョイントプロジェクトをしているチームリーダーが、欧州メンバーとのコミュニケーションが3Dモデル中心に行われていることから、3DCADのオペレーションを自ら勉強した。そのチームリーダーは3DCADでCAE解析ができることを知り、元々設計者だったので、仕様検討にそれを試しながら、3D設計のポテンシャルを探ったのである。このチームリーダーは設計部門の検図を行うベテラン設計者たちの上司にあたるため、当時、2D図中心に進めていた設計者達は意味不明の恐怖を覚えていたようである。

その当時の設計打ち合わせでは2D図を中心に議論していたが、このジョイントプロジェクトの新しい設計課題の打ち合わせの時、3Dモデルを見ながら設計仕様を検討した。この時、このジョイントプロジェクトのチームリーダーは3D形状を見ながら、「ここはちゃんと計算した?」と一言、聞いた。従来の計算式で計算した結果を説明したのだが、このチームリーダーはこの場で3Dモデルを用い、CAE解析を簡単にやってのけ、「ほら、こんな結果だから、強度持たないよ」と言ったのである。設計担当者もその設計担当者の上司も、ただただ驚き、挙句の果てに、「考えて設計しろ!」とそのチームリーダーに一喝されたのであった。

プロジェクトチームの設計者の多くは3DCADのオペレーションを身につけていたが、3DCADの中で、そのままCAE解析ができることを知らなかったのである。または、知っていたのかもしれないが、やらなかったのである。二十年前のその当時、汎用3DCADシステムの中でCAEが活用できるようになっていたのである。前述したタイプBの、3D図の持つ圧倒的な技術ポテンシャルを追求するオタクと思われた設計者のみが、このチームリーダーの言っていることが分かったのである。どうやら、このプロジェクトリーダーは3Dの持つ高いポテンシャルに気が付き、如何に組織の武器として活用できるかを考えていたようだ。その答えが、トップリーダー自らがやって見せることだったのである。

その後、三ヶ月以内にその設計室は設計者自らCAE解析で検討しながら設計する、圧倒的な技術ポテンシャルを持つ体制へ変革したことになる。これにより、欧州とのジョイントプロジェクトは対等な技術ディスカッションとなり、成功の流れが生まれた。

二十年経ち、デジタル技術とコンピュータ環境の整った現在であれば、三ヶ月かかったこの設計室の改革はこれほどの時間をかけず、多分、三週間以内に設計者自らCAE解析で検討しながら設計する体制へ変革が可能と思われる。この展開が日本で行われていないという事実は、日本の設計の競争力がどのような状況なのかを示す指標と解釈できる。

3D設計に対する誤解

前述した内容は、二十年前の日本で行った話であるが、このリーダーの動きが、もしなかったら、未だに2D図中心体制であったかもしれない。

実は、二〇二〇年初頭、ある大学のモノづくり関連の講習会で筆者が講演した。その時、二十年以上前からよく出る質問があった。それは前述した「3D設計を行うと考えなくなる設計者が出てくる。と言われていますが、それに対してどうお考えですか？」というものだった。質問者は経済産業省のモノづくりを推進している部門のトップであり、日本をリーディングしている方であった。そのような方から、二十年前から出ていた質問を受けたため、少しきつい返答になってしまったのだが、「そのような設計者は2D図であっても、もともと考えないのであって、3D設計を行うと、考える設計者と考えない設計者のレベルがハッキリ分かってしまう。ただそれだけのことですよ」と答えた。さすがにこの質問者は、いろいろと国の施策を立案する上で出てくる課題の裏の話をご経験されているようで、すぐに筆者の言わんとしたことを理解されたようだった。経済産業省のトップクラスの人がわざわざ筆者の講演を聞きに来られるほど、デジタルモノづくりに関する情報が少ないのではないかと思われた。

また、二〇一〇年頃より、欧米各国が最新モノづくり技術普及展開推進の公的機関を構築してまで

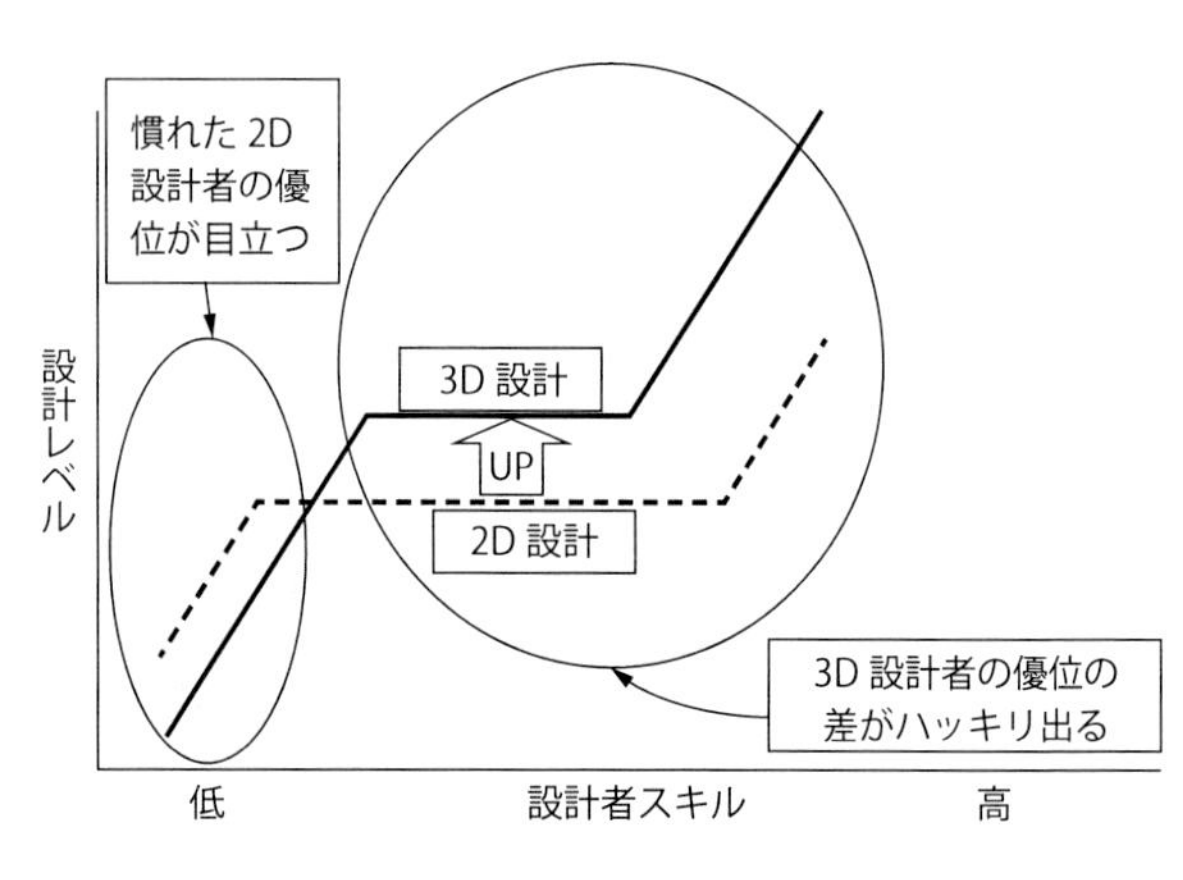

図11・1　2Dと3D設計時の設計レベル（イメージ図）

推進するデジタルモノづくりの時代に、二十年前から「3D設計を行うと考えなくなる設計者が出てくる」と巷間言われていることが、現在まで継続され、尚且つ、経済産業省のトップクラスの方の思案の中に含まれてしまうことにも筆者は大きく驚いたのであった。

優秀な設計者が3D設計を行うと

優秀な設計者が3D設計を行うと、詳細な仕様まで考慮し、より設計の検討レベルは高くなる。あまり設計センスのない設計者は3D設計に慣れないため、オペレーションに戸惑い、むしろレベルの低い設計を行ってしまうことがある。今まで「3D設計を行うと考えなくなる設計者が出てくる」と言われていたが、ベテラン設計者はこのレベルの低い設計者を許せないのではないかと思われる。

図11・1に、3D設計化を推進した時の筆者が感じたイメージを表現した。スキルの高い設計者は3D設計のポテ

ンシャルをより活用し、もともとスキルの低かった設計者はそのスキルレベルがハッキリしてしまうことが多かったようだ。平均レベルのスキル設計者の設計技術も上がり、組織として見ると設計技術レベルも作業効率も上がる。それが3D設計であると言える。

前述した設計者タイプAは2D図中心、3D設計のできる優秀なポテンシャルを持っているのがタイプBである。二〇二〇年になっても、二十年前と同じような質問があり、現在でも二つのタイプの設計者が存在し、タイプBの設計者は3D化反対の上司のもとでは、上司を小馬鹿にする厄介な設計者の扱いをされていると推察され、非常に残念に思う。モノづくりのプラットフォームビジネスの三条件の一つである3Dデータの活用が、3D設計普及の遅れからその壁を突破できてないことになる。これが日本の実態ではないかと思われる。

十一・二　モノづくりに対しての考察

モノづくりは技能？　それとも技術？

モノづくりをイメージすると、すぐに〝匠の技〟を思う人が多いと思う。実際、漆塗りの花器や、食器、よく切れる包丁、博物館で見る日本刀などには、なぜか匠の技に誇りを感じてしまう。そして、使ってみたいが高嶺の花のようなブランドを感じる。だが、この匠の技は、大学や高等学校の一般的な教育の中で伝えられたものではない。最近は、伝統技能という文化として残す活動を見ることがあるが、その技能が形式化され、現代の製造技術に昇華した例はそれほど多くないように思う。

かつて、筆者は日本刀の材料「玉鋼」を製造する「たたら製鉄」を再現するプロジェクトのテレビ番組を見た記憶がある。切れ味鋭い刃を造るため、年老いた匠の造る日本刀用の玉鋼の製造工程を撮影し、製造技術を確立するプロジェクトであった。記憶が確かではないが、それらが髭剃りの剃刀の切れ味に活かされていると聞いた。千年を超える伝統の技が現在のモノづくり技術を凌駕する姿を見た気持ちがした。

このような匠の技の例を我々日本人は何度も見てきたのではないだろうか。しかし、それらが新しいモノづくり分野でも見ることができるほど、数は多くないのだろうと思う。何を言いたいかと言えば、千年を超える伝統の技を参考にすることのできる項目が少ないからテレビ番組が成立するのではないだろうか。

匠の技はいろいろな分野で見ることができるが、それらは匠の方の優れた伝統技能が中心である。英語で言うと「クラフトマンシップ（Craftmanship）」である。また、現在の製造現場では新しい技術が普及展開されており、これらは「テクノロジー（Technology）」である。全く分野が違う内容を我々はモノづくりとして自慢してはいないだろうか。

工場の品質管理でも水をあけられた？

いろいろな技術講演会に参加していると、最近でも日本のモノづくりは世界一だから、世界が真似しているという内容の話が、大学の先生や企業の幹部の方からも聞こえてくる。

二〇一七年に欧州の工場を見学した時、「ＫＡＮＢＡＮ」、「ＪＩＤＯＫＡ」など、日本語のキーワードのパネルがラインに掲げてあり、日本のモノづくりを意識しているのが分かった。しかし、見学した工場では、全ての部品締め付けなどの取り付け状況、例えば締め付けトルクなどを自動計測していた。組み立て履歴もデータ管理した品質対応が徹底しており、日本の品質管理の先を行っていたのが印象的であった。

最近、日本のエンジニアリング研究会で聞いた内容であるが、数年前から、欧州の一部の工場のラインで始まっていたＸ線を用いたＣＴ計測による製品の品質管理が欧州の工場で一般的になりつつあると、オーストリアで開催されたＣＴ計測関連のコンファレンス「ＩＣＴ２０２０」に参加された方が報告していた。ＣＴ計測は、従来、検査センターなどのオフラインでの活用が主であった。計測結果は二～三日後に検査センターから送られてくるのがＣＴ計測の常識であった。それが工場のラインでの計測が一般的に始まっているとのことだ。

筆者は、二〇一二年頃より、ある自動車メーカの工場ラインで使われている例を知っていた。

二〇一七年刊の拙著『バーチャル・エンジニアリング』のコラムに「鋳物の中子を3Dプリンタで製造」を記述した。実はこの鋳造された鋳物の中子で出来た空間の形状品質保証のため、CTスキャン装置が欧州の一部の自動車メーカのラインで既に数年前から活用されていたのである。この例を日本のモノづくりの方々や、計測の専門家に説明したことがあるが、前述した「CT計測の常識」から、「有り得ない」という反応しか得られなかったのである。また、最近までは、一部の自動車メーカで活用されているという例以外、一般の製造業のラインでの活用の情報はほとんどなかったのである。

それが、今年のICT2020コンファレンスではラインでのCT計測検査が一般化しているというプレゼンテーションがいくつかあったようで、それを日本のエンジニアリング研究会で報告したのである。その報告者は、現在、日本での工場ではレーザー計測や非接触3D計測がやっと拡がり始めているが欧州の一般の工場ではその先のX線を用いたCT計測が拡がり始めていることで、品質管理の分野で日本が水をあけられていることをコメントしていた。これらの工場で計測されたデータは設計と連携し、品質保証と機能検討に用いられることは当たり前で、本書で再三、データの連携を記述して来たが、設計から造りまで連携が進んでいることが分かる。このような工場の中の何気ないところまで、データ連携が行われていることになる。

日本のモノづくりは世界一だった

日本のモノづくりは世界一だったのは事実であったと思われる。そのため、世界の目標でもあった。現在もこの事実が続いていると思っている日本人が多いのかもしれない。日本のモノづくりが世界に遅れ始めていると理解できる人は、世界の、特に欧州の造りや開発現場などの日本ではない外国で働いた経験のある人が主のようだ。

欧州に研究所を設置している日本企業がいくつか存在するが、その現地の研究所の元所長の何人かと筆者は会ったことがある。その中で、欧州のモノづくり技術と設計技術が日本のはるか先を進んでおり「脅威である」と言った元所長は、筆者の会った中で一人しかいない。他の元所長は、折角、数年欧州でビジネスをしても、日本のモノづくりと開発力が世界一という固定観念にとらわれていたため、欧州人のローカル技術者の報告内容をニュートラルに聞くことができなかったのであろう。

欧州調査に行った際、同行したその元所長が、欧州の開発と製造現場を理解し、彼が過去に欧州人のローカル技術者の報告内容を思い出し、その意味することを理解したらしく、愕然とした姿が印象的であった。欧州に滞在の経験があっても「日本のモノづくりが世界一」という固定観念や先入観を持つと、その時の状況をニュートラルに理解するのは非常に難しいのかと思われる。

データ連携の基本は3Dモデル

開発、モノづくりにおける現在の日本と世界の大きく異なる点はデータを連携して活用するレベルが違うことだ。特に設計図が3D化され、設計情報がモデルデータで連携する。その最も基本となる3Dモデルでの情報交換が日本では確立されていない。その理由はいろいろとあるだろうが、日本が世界一のモノづくりで開発力を持った国と思っていたら、現場で何も新しい技術を導入する必要性はないと思われる。会社の経営者は、開発現場のベテラン設計者から反対される3D化への投資は日本が世界一である幻影がある限り、敢えて行わないのである。

十一・三　モノづくりのプラットフォームビジネスは壮大なスリアワセ

第五章で説明したように、モノづくりプラットフォームビジネスはバーチャルエンジニアリング環境で行われる壮大なスリアワセと言える。

日本の現物を用いたスリアワセによる製造物の仕様熟成が、世界を席巻したのは事実である。また、そのやり方を普及展開したが、日本以外では難しかったのである。その結論を一九八〇年代に下し、現物の代わりにバーチャルモデルを用いたスリアワセの体制構築を始動させたのである。その紆余曲折はあったのだろうが、現物の代わりにバーチャルモデルでスリアワセができるようにすることに三十年以上の時間を費やしたと解釈できる。

その結果、現物を用いたスリアワセに対し、バーチャルモデルを用いたスリアワセは

・早い：モノができる前の検討段階で行うことが可能
・安い：試作物を造らなくても済むので検討コストが安い
・良い：あらゆる分野の適切な検討者の参加が可能となり、創造性、機能、品質、コストなどのあらゆる分野でスリアワセ効果が出る

これらのバーチャルスリアワセのメリットに、本書の中で説明してきたバーチャルエンジニアリングの戦略的効果が加わる。

・世界中どこで造っても、誰が造っても品質、機能は同じとなるバーチャル製造基盤
・大量生産も、個別生産もコストは同じとなるマスカスタマイズ基盤
・バーチャルのモジュールモデルそのものが商品となるプラットフォームビジネス基盤

三つの要素技術基盤が社会システムとして成立させるため、ある意味、三十年以上の歳月をかけてきた。

①基盤データである3Dバーチャルモデルの活用技術

②個々の3Dバーチャルモデルを連携し、ビジネス展開とする連携技術
③企業間を越えた3Dバーチャルモデル連携の機密と知財権活用の契約技術

日本ではこの三つ要素技術の構築が進んでいない。この三点は3Dモデル活用が前提でできた連携技術であり、契約ルールである。その3Dモデル活用が進んでいない日本では、三つ全てが普及していない。

ものづくり白書の指摘

二〇二〇年五月末日に経済産業省が発行した『2020年版ものづくり白書』のバーチャルエンジニアリングの項を眺めると「我が国の製造業では3Dによる設計が未だに普及しておらず、バーチャル・エンジニアリングの体制が整っていない。不確実性が高まり、製造業のダイナミック・ケイパビリティの重要性が増している中で、このバーチャル・エンジニアリング環境の遅れは、我が国製造業のアキレス腱となりかねないと言っても過言ではない。」と結ばれている。

ものづくり白書には、3D化設計についての調査結果も記載されている。その内容を見ると日本の製造業の協力企業への設計指示の方法のうち、3D指示を行っているのはわずか十五・七％である。3D化が進んでいると言われている自動車産業は半分以下である。本書ではバーチャルエンジニアリングのコアは「バーチャルモデルを用いたスリアワセ」と説明してきた。バーチャルモデル、即ち、3Dモデルが必須なのである。新たな製造ビジネスが進む中、ものづくり白書調査の各産業の3D設

計の対応状況から、自動車産業では半分の企業が、他の製造業では八十%以上の企業がそのままの状態では生き残ることが難しいということを、〝アキレス腱となりかねない〟という言葉に暗に含まれていることになる。

スリアワセは日本が本場

バーチャルエンジニアリング基盤は、これまで三十年以上かけて構築された基盤であり、新たな基盤を日本が構築しても世界の動きに追いつくことは難しい。それならば、構築するのではなく、出来上がった基盤を導入するだけで良いはずだ。なぜなら、スリアワセの技術は日本が本家本元なのである。それを、既に構築されたバーチャルエンジニアリング基盤を利用し、現物の代わりのバーチャルスリアワセを行うだけで良いのである。

課題はこれらの三つの要素技術基盤の導入にあたり、未だに〝日本のモノづくりが世界一〟という固定観念が蔓延していることであり、それを払拭する必要があることだ。二〇二〇年のコロナウイルス騒動で日本のデジタル基盤が脆弱であることは理解できたのではないだろうか。このようなことから、〝日本のモノづくりが世界一〟と思うこの固定観念も少しは弱くなってきたと期待したい。

他の国から技術導入することを考えると、既に技術導入に関する大きなビジネスモデルを日本は経験している。欧州の産業基盤を導入し、日本のやり方を一新することを明治維新で我々は経験しているはずだ。これは、欧州のビジネスモデルを日本に導入した大きな例ととらえる。要は、この産業基盤導入のシナリオ作成と投資を行うだけで、短い期間で追いつくことができる。そして、スリアワセの本場は日本である。芸術でも、技術でも「本場の本物」を手に入れるのが基本と言うが、日本がスリアワセの「本場の本物」であったのである。ただ、それをバーチャルエンジニアリング環境で活動すれば良いだけなのだ。

急ぎたいバーチャルエンジニアリング環境のプラットフォームビジネス

本書で、モノづくりのプラットフォームビジネスについて説明してきた。そのモノづくりのプラットフォームビジネスの目的は製造品の機能を成熟することであり、これはスリアワセをバーチャルで行うことと解釈する。その基盤はバーチャルエンジニアリング環境であり、その取り引き項目は3Dを基本としたバーチャルの機能モジュールモデルである。3D図面が機能と品質をコントロールできることから、どこで製造しても、誰が製造しても、図面で規定された品質と機能を持つ量産品が手に入るようになった。2D図面では、品質、形状のコントロールが難しく、造り現場の優秀な日本での品質が世界のモノづくりの目標であった。現在はその優位性を失ったことになる。

設計図の3D化は新たなビジネスモデル参加への試金石となっており、今後の製造業の生末を左右することになる。世界各国が新しいモノづくりのビジネスモデルへの変革を急いでおり、今後、日本もその中で、急速な改革展開活動へ突入せざるを得ない。このようなバーチャルエンジニアリング基盤の社会システムが三十年かけて、欧州中心に構築、成立、育成されてきた。従来、モノづくりをリーディングしてきた我が国は、設計図の３Ｄ化体制への移行がまだ終了してない。

新たなビジネスモデルへの参加のために、早急にバーチャルエンジニアリング基盤導入シナリオ作成とその実行展開が動き出すことを切に祈念する。

COLUMN

「予測の問題」

先日、NHKのBS番組「欲望の資本主義」を見ていたら、歴史学者のニーアル・ファーガソン氏がヘンリー・キッシンジャーの伝記を執筆して学んだ考えの一つに「『予測の問題』と呼ぶものがあります。『予測の問題』は政治以外のことにも当てはまります。それはどんな意思決定者にも直面するジレンマです」と述べていた。デジタル技術の推進展開でも同様のこと感じる。

それは、このような例えから始まる。

「あなたが首相だったとしましょう。そして、大惨事が起こると気付いたとします。でも確実と言えないリスクです。どれほどの確率かも言えません。確率を示せない不確実な領域に存在するもののリスクはある状態です。あなたは、リスクを排除する。または、軽減させるべく困難な行動に出ますか?」というものだ。

大惨事を阻止することに成功した場合、結果として大惨事が起こらないから、その阻止した施策に対して誰も感謝しないため、報いはない。

また、幸運にも大惨事が存在しなかった時

は、予防策のための先行投資はほぼ確実にムダとなる。

「予測の問題」とは大惨事を阻止しようと先手を打っても見返りがないということなので、民主主義においては何もせずに最善の結果を祈る方が簡単だ、ということを、キッシンジャーが明確にした問題とのこと。

筆者は、日本のモノづくり分野でのデジタル環境構築への投資において、意思決定者に同じようなジレンマが襲うと感じる。

例えば、デジタルの圧倒的ポテンシャルは理解できる。それをモノづくりの分野で活かしたいが、その展開が完了するためには長い期間と大きな予算投資が必要だ。投資の意思決定をしても、結果が出るのは意思決定者の退任後になりそうである。ほとんどの人は、〝日本が世界一のモノづくり国〟だと思い込んでいることもあり、この状態がまだまだ続くと思うから、目の前の課題にのみリーディングしているだけで、充分である。と考えている経営者や、開発のトップの存在が見える。

ファーガソン氏は経営者に対しても次のように言う。

「経営者ならば誰でも『予測の問題』に日々直面しているはずです。事業に問題が発生する可能性がありますが、大惨事を防ぐために投資をするのか？　それとも最も楽な道を選んで何もせず最善の結果を祈るのか？」

現在、日本のGDPの五分の一を製造業が占める。この分野が世界での競争力を失い、

ＧＤＰの五分の一の大半を失うという大惨事が起こるかもしれない。

やり方はハッキリと見えている。既に世界では定着しているバーチャルエンジニアリング体制への舵を切り、展開推進するのか？　それとも、最も楽な道を選んで何もせず、最善の結果を祈るのか？

著者略歴

内田　孝尚（うちだ　たかなお）

神奈川県横浜市出身。横浜国立大学工学部機械工学科卒業。1979年㈱本田技術研究所入社。2018年同社退社。現在、雑誌・書籍などマスメディアや、日本機械学会等のセミナーを通じて設計・開発・ものづくりに関する評論活動に従事。MSTC主催のものづくり技術戦略Map検討委員会委員（2010年）、ものづくり日本の国際競争力強化戦略検討委員会委員（2011年）、国土交通省主催　船舶産業の変革実現のための検討会委員（2023年）、機械学会“ひらめきを具現化するSystems Design”研究会設立（2014年）及び幹事を歴任。東京電機大学非常勤講師、（国研）理化学研究所 研究嘱託、博士（工学）、日本機械学会フェロー。著書「バーチャル・エンジニアリング Part2」（2019年日刊工業新聞社）、「バーチャル・エンジニアリング」（2017年日刊工業新聞社）、「ワイガヤの本質」（2018年日刊工業新聞社）、雑誌『機械設計』連載「バーチャルエンジニアリングの衝撃」（2019年1月－2020年6月日刊工業新聞社）、雑誌『機械設計』連載「普及が拡がるバーチャルエンジニアリング」（2021年1月－2021年12月日刊工業新聞社）。

バーチャル・エンジニアリング Part3
プラットフォーム化で淘汰される日本のモノづくり産業　NDC501

2020年 8 月12日　初版 1 刷発行
2023年 7 月28日　初版 5 刷発行

定価はカバーに表示されております。

©著　者　内　田　孝　尚
発行者　井　水　治　博
発行所　日刊工業新聞社

〒103-8548　東京都中央区日本橋小網町14-1
電話　書籍編集部　03-5644-7490
販売・管理部　03-5644-7410
FAX　03-5644-7400
振替口座　00190-2-186076
URL　https://pub.nikkan.co.jp/
e-mail　info_shuppan@nikkan.tech

印刷・製本　新日本印刷（POD4）

落丁・乱丁本はお取り替えいたします。　2020　Printed in Japan
ISBN 978-4-526-08077-7